U0277254

An
Alternative
Tang
Dynasty

张金贞——著

另类唐朝

用 食 物 解 析 历 史

A Culinary Approach
to Understanding the History

浙江大学出版社
ZHEJIANG UNIVERSITY PRESS

图书在版编目(CIP)数据

　　另类唐朝：用食物解析历史 / 张金贞著. — 杭州：
浙江大学出版社，2018.11（2022.8重印）
　　ISBN 978-7-308-18713-8

　　Ⅰ．①另… Ⅱ．①张… Ⅲ．①饮食－文化史－中国－
唐代 Ⅳ．①TS971

中国版本图书馆CIP数据核字(2018)第234834号

另类唐朝：用食物解析历史

张金贞　著

责任编辑	王雨吟	
责任校对	田程雨	
封面设计	黄晓意	
出版发行	浙江大学出版社	
	（杭州市天目山路148号　　邮政编码　310007）	
	（网址：http://www.zjupress.com）	
排　　版	杭州林智广告有限公司	
印　　刷	浙江海虹彩色印务有限公司	
开　　本	710mm×1000mm　1/16	
印　　张	15.25	
字　　数	489千	
版 印 次	2018年11月第1版　2022年8月第2次印刷	
书　　号	ISBN 978-7-308-18713-8	
定　　价	68.00元	

版权所有　翻印必究　　印装差错　负责调换

浙江大学出版社发行中心联系方式：0571-88925591；http://zjdxcbs.tmall.com

引　子

　　唐德宗贞元年间[①]，有一位吃货将军曾说，"物无不堪吃，唯在火候，善均五味"。戎马倥偬的战场上，他曾以破败的马具障泥、藏矢的器具胡盝为食材，处理炮烹后食用，据说其味极佳。

　　又有道家陈景思说，大唐敕使齐日升家种植樱桃，每年农历五月中旬成熟，他家的樱桃皴如"鸿柿"一般，却并未因过于成熟而发生自由落体运动。此处的鸿柿大概是一种熟得全然变形的柿子。这种熟透的樱桃，其滋味远远比因循正常时节采摘的更佳。此为敕使家的独门秘诀，旁人不测其法。

　　纵览史料，"物无不堪吃"并不只是吃货将军的想法，大多数唐人亦秉持类似的观念。尤其是在宴饮方面，唐人格外崇尚新奇，极尽"造业"之能事。与现代人一样，唐人竞相追逐异域饮食文化。他们所推重的西洋文化主要是来自玉门关、阳关以西的西域文化。

　　唐人在饮食方面豪举频现：一份标准规格的古楼子至少需耗费1斤羊肉，相当现代公制的661克，今天的肉夹馍与之相比顿觉寒碜非常；浑羊殁忽这道看馔，他们只吃羊腹中的童子鹅，至于充当烤炉用的那只烤全羊，则一把被掷出了窗

---

① 公元785—805年。

1

外；烧尾宴上的素蒸音声部，清蒸70名面粉捏制的女艺人；还有一道升平炙，凉拌300多条羊舌与鹿舌……

此外，他们还有诸多在今人看来颇为奇异的饮食习惯。比如在茶水里面加入胡椒、姜、桂皮等烹煮荤腥所用的调料。再如，在日常饮食中，米饭、粥、鱼类、蔬果等食物皆调入牛羊奶加以佐味。

在饮食史上，唐代这一历史时期大有可观：葡萄酒在中国的盛行肇始于太宗时代；国人全民饮茶的风习滥觞于开元年间[①]；高桌大椅成为中国人家中标准的陈设，会食制、合食制的诞生以及三餐制的普及都发端于唐代。

无物不吃、好奇尚异、豪迈不群也是唐人的一种人生姿态。若仅以吃论吃，意趣未免低下，故本书试以饮食管窥唐人的生活方式与唐代的社会历史。笔者文必出注，所引古文皆有案可稽。如此一来，虽然在行文上略显繁琐，但也期待借此在供大众消遣阅读的同时，能为唐代饮食的爱好者提供一些扩展阅读的文献门径。

此外，本书精选了大量图片，其中大多数为考古出土的器物与遗物（如食物）、海内外收藏的传世名画、敦煌壁画以及墓室壁画等，希望这些具体的历史形象能为读者呈现一个更为真实的大唐。部分素材来自陕西历史博物馆、台北故宫博物院、中国茶叶博物馆、新疆博物馆，以及洛阳博物馆等单位提供的文物数字化资源，谨此致谢。另有图片未及一一联系版权人，若有疑问，请联系出版社，亦在此处表示谢意。

---

① 公元713—741年。

目 录

俗之篇

食之篇

饮之篇

俗之篇

第一章

鱼跃龙门上烧尾

一、鲤鱼跳龙门之后

相传，河东①境内有一座龙门山。大禹"凿山断门"之后，黄河自其间流下。每年春天，五湖四海的黄鲤鱼争相来赴，以求跃过龙门。然而，一年之中登龙门者寥寥无几。鲤鱼初登龙门时，刹那间乌云密布、风雨交加。继而几道闪电自天而降，天火随之而起，烈火自鲤鱼身后焚其尾部，似凤凰涅槃一般，如此浴火重生之后的鲤鱼方能蜕变为龙。②这个鲤鱼跳龙门的传说被记载在成书于汉代的《三秦记》中。

于是，鲤鱼跳龙门时的"烧尾"被古人引申为士人中举或官场升迁。"烧尾"一词还存在另外两种说法：一说是指虎变为人，惟尾不化，只有焚除；二说认为，新羊初入羊群时，为诸羊所触，焚除尾部可相亲附。无论是鲤鱼跳龙门，还是兽幻化为人形，再抑或新羊入群，皆可喻为举子或官员们的社会地位一朝发生急剧的转变，即将飞黄腾达。

至唐代，政界出现举办"烧尾宴"的风习。此种"士人初登第"或官员"升阶"的宴请，史上称为烧尾宴。烧尾之习，大概肇始于唐初③，风行于唐中宗时期。景龙年间④，青云直上的韦巨源"上烧尾"以谢皇恩，可以说是唐代烧尾宴登峰造极的时代。

韦巨源出身于京兆官宦世家，发迹于武则天时期，曾任司宾少卿，后累迁并加

---

① 古地区名。战国、秦、汉时指今山西省西南部；唐以后泛指今山西全省。因黄河经此作北南流向，本区位在黄河以东而得名。

② ［宋］李昉：《太平广记》卷四六六引［汉］辛氏：《三秦记》之《龙门》，民国景明嘉靖谈恺刻本。

③ ［唐］封演撰，赵贞信校：《封氏闻见记校注》卷五，中华书局，1958年3月，第38页。"贞观中，太宗尝问朱子奢烧尾事，子奢以烧羊事对之。"

④ 景龙（公元707—710年），唐中宗年号。

鲤鱼跳龙门砚台

授同凤阁鸾台平章事，成为宰相，武周证圣初年[①]，受政治牵连被外放为鄜州[②]刺史，未几又被召回，长安二年，成为刑部尚书。唐中宗复辟后，韦巨源担任工部尚书，受封同安县子，不久升为吏部尚书，另加同中书门下三品头衔，再一次官拜宰相。

韦相公为表对天子的感恩戴德之心，遂进呈珍馐玉馔。此后，烧尾宴在大唐历史上风靡了起来。宴上百味杂陈，丰美自不待言。然而，烧尾宴穷奢极侈，有伤风化。玄宗即位之初，移风易俗、提倡节俭，于是烧尾之风逐渐止息。

韦巨源的烧尾宴，享用的主角是曾被人们戏称为"和事天子"的中宗李显。景龙三年[③]，监察御史崔琬弹劾官员宗楚客，说他与纪处讷[④]潜通戎狄，受其贿赂，以致引发边患。但宗楚客却并不认罪，愤怒作色、自陈忠鲠，反诘御史诬陷。于是，两人闹得不可开交。中宗对通狄之事却并未追根刨底，还命崔琬与宗楚客和解，乃至结为兄弟，时人谓之"和事天子"。[⑤]同时后世坊间还授予他另一个滑稽的诨名——六味地黄

---

① 公元695年为证圣元年。

② 大体相当于陕西北部的富县。

③ 公元709年。

④ 秦州上邽人，今甘肃省天水市清水县，娶武三思妻之姊，依附宗楚客，累迁太府卿，时人将其与宗楚客合称为"宗纪"。

⑤ ［唐］杜佑：《通典》卷二十四《职官》六，清武英殿刻本。

丸^①。关于这一雅号的由来，据说因为他本人是皇帝，其父李治是皇帝，其子李重茂是皇帝，其胞弟李旦是皇帝，其侄儿李隆基也是皇帝，甚至连他母亲武则天都是皇帝！

二、给你上一桌唐代御宴

唐代的烧尾宴为后人目为中国古代五大名宴^②之一。出于偶然而传世的《烧尾食单》，虽说已经残缺不全，却为研究唐宫饮馔留下了一笔宝贵的财富。该食谱最初在民间流传，其后被陶穀^③收辑在《清异录》中，方得以流芳百世。再后来，元末明初的陶宗仪在他所编撰的《说郛》一书中转录该食谱。美中不足的是，全席食单中只留下58种肴馔的名称以及后人寥寥可数的注文。

《烧尾食单》的部分菜式如曼陀样夹饼、巨胜奴、婆罗门轻高面、贵妃红、七返膏、御黄王母饭、生进二十四气馄饨、同心生结脯、唐安餤、玉露团、天花饆饠、素蒸音声部、白龙臛、凤凰胎、八仙盘、格食、蕃体间缕宝相肝……仅看食谱一隅就足以令人如坐云雾、目眩神摇了。

（一）"洋气"的巨胜奴

巨胜奴为何物？"巨胜"是一种胡麻，原本生于大宛国，古人眼中的大宛属于胡地，故称之胡麻。胡麻即现在随处可见的黑芝麻。胡麻中，颜色纯黑饱满的颗粒名为巨胜。不过也有人将茎部方者称为巨胜，圆者叫做胡麻。^④还有说法认为，用

---

① 六位帝皇丸。

② 相传为满汉全席、孔府宴、全鸭席、烧尾宴、文会宴。

③ 陶穀（903—970），本姓唐，字秀实，邠州新平（今陕西彬县）人，早年历仕后晋、后汉、后周，北宋建立后，陶穀出任礼部尚书，后又历任刑部尚书、户部尚书。开宝三年（970）病逝，追赠右仆射。

④ ［明］李时珍：《本草纲目》卷二十二《谷之一·胡麻》，清文渊阁四库全书本。

巨胜之名，是为形容其开花时的盛况。至于"奴"字，通常被古人用于动植物及器物等名词之后。

《烧尾食单》中的巨胜奴被后世注解为"酥蜜寒具"①。何为寒具？寒具是一种油炸的干制面食，冬春两季可贮存数月，至寒食节禁烟时取用，故名。北魏人称寒具为细环饼。②制作寒具，油、面粉、水以及蜜汁或红枣必不可缺。蜜汁与水调和后用以浸泡面粉，若无蜜汁，则以熬煮的红枣汤汁代替。牛羊的脂膏也颇适宜用来烹制寒具，若有牛羊乳则更妙，乳汁可使寒具馨香酥脆，口感甚佳。纯用乳溲的寒具入口即碎，脆如凌雪，滋味非凡。③"酥蜜"二字透露，巨胜奴的制作过程中还调入了奶制品和蜂蜜以增醇提味。值得一提的是，酥与酪都是唐人日常生活中较为高档的调味品。酪是由牛、羊、马等动物乳汁制成的半凝固状食物，酥则是酪煎炼后的产物。

原来，所谓的巨胜奴是一道添加黑芝麻、酥酪以及蜂蜜的油炸干制甜点，类似于今天的馓子。

馓子

① ［唐］韦巨源：《食谱一卷》。［明］陶宗仪等编：《说郛三种》之《说郛一百二十号》号九十五，上海古籍出版社，1988年10月，第4338页。
② ［北魏］贾思勰：《齐民要术》卷第九，四部丛刊景明钞本。
③ ［北魏］贾思勰：《齐民要术》卷第九。

馓子也是一种油炸食品，香脆精美。北方的馓子以麦面粉为主料，南方则多用米粉，两者各有千秋。馓子的同类很多，比如粔籹①、环饼、捻头等，它们或许同属一物。这些食物大多历经数千年的演变，形制与称谓也许会因年代或地域而改变，却都以面粉或米粉为原料，且经油炸而成。

（二）婆罗门轻高面

"婆罗门"是梵语的音译，它有两个含义。婆罗门可用来称呼高居四大种姓之首的古印度僧侣贵族。这些僧侣贵族世代以祭祀、诵经、传教为业，他们掌握神权，垄断知识，享有特权，是社会精神生活的统治者。不过，"婆罗门"一词还可作为国名，特指古印度。中国自东汉以后对印度即有此称呼。东汉永平年间②，一些古印度的婆罗门僧人与佛门高僧相继来华布道。唐代时期，两邦交往甚密。大唐僧人清江曾与婆罗门僧人有过应酬交往的经历，并留有《送婆罗门》一诗。

烧尾宴上这道婆罗门轻高面，饱含着古印度的神秘色彩。它应当是一种馒头，听起来似乎平淡无奇，但它能在烧尾宴中出现，必有其独胜之处。此道面食足以见证古印度文明对大唐饮食文化的渗透，这大概正是韦巨源将它列入《烧尾食单》的一大缘由。婆罗门轻高面既蕴含蒸制面食绵软柔滑的特质，也有着发酵面点丰腴挺拔的英姿，细细咀嚼之后还略带丝丝甜味，余味无穷。

（三）清蒸70名女艺人

在烧尾宴上，将蒸面技艺发挥到淋漓尽致的境界，当属素蒸音声部这道面点。

在唐朝，宫内外的歌女、乐队乃至家伎被统称为音声人，音声部即为这些艺术工作者的组合；素蒸，可能意味着这数十个面人是带素馅笼蒸而成。《烧尾食单》

---

① 以蜜和米面，搓成细条，组之成束，扭作环形，用油煎熟所得。
② 公元58—75年。

中，素蒸音声部注曰："面蒸，象蓬莱仙人，凡七十字。"[1]即以面粉为主要原料打造出70位如蓬莱仙女般栩栩如生的音声人，其中必有鼓瑟吹笙者，放声高歌者，蹁跹起舞者，鸾姿凤态各异，堪称古代面塑工艺的一朵仙葩。

面塑艺术的材料通常包括面粉、糯米、甘油以及蜂蜜，它们的有机组合能使工艺品不至于迅速干裂，素蒸音声部的创制想必也无法离开这些东西。唐代没有甘油，应该是以其他可食用且功用相近的素材代替。现代面塑艺术中，面粉等物被具有质轻、易干以及自带黏性等特质的超轻黏土所取代，搓球、压平和捏薄是其基本手法，素蒸音声部的塑造由此可窥一斑。

与今天有所不同的是，在唐人的宴饮文化里，丝竹与歌舞的相伴天经地义，可以说无歌不成宴，无舞不成席。这70位蓬莱仙女恰好为此宴助兴，确实匠心独具。席间歌舞升平，案上别有洞天，让人心醉神迷。

毋庸置疑，素蒸音声部显然是一道经典的看菜。唐代的看菜不同于前朝，隋人的看菜大多为欣赏之用，而在唐人心中，光看不吃怎能尽兴呢？他们是一群豪放的饕餮客，欣赏一番后，分而食之。

隋唐时代的看菜艺术流芳千古，对后世的看菜技艺与面塑工艺影响深远。五代的比丘尼梵正根据王维的《辋川图》庖制出一道珍异的看菜——辋川小样。她以鲊、臛[2]、脍、脯、醢[3]、酱、瓜、蔬等为主要素材，取食物之本色造景，若在座有20人，则每人盘中分装一景，合成整道辋川小样。[4]辋川小样人称"菜上有山水，盘中溢诗歌"，秀色可餐、精妙绝伦。梵正以此馔称绝于世，被誉为中国古代十大名厨之一。

---

① ［唐］韦巨源：《食谱一卷》。［元］陶宗仪编：《说郛三种》之《说郛一百二十号》号九十五，第4338页。

② 肉羹。

③ 用肉、鱼等制成的酱。

④ ［宋］陶谷：《清异录》卷四，民国景明宝颜堂秘籍本。

现代仿素蒸音声部
中国皇家莱博物馆藏

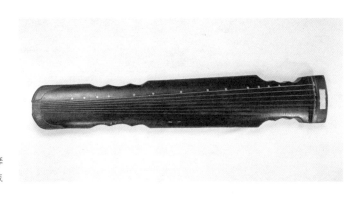

唐代春雷琴
台北故宫博物院藏

唐玄宗时期宦官苏思勖墓室壁画
陕西历史博物馆藏

《辋川图卷》

王维原作　宋代郭忠恕临摹

台北故宫博物院藏

輞川圖有二本此從搨本所
臨畫格高絕尤有生意辰觀
良久為賦雜句
詩中傳畫意畫裏展秋姿
山色無還有雲岩七九時
菏塘淺又深羨女眠三屋千
古風深在故園懷趙余
　　　　　　吳興姚式

諸龍兒擒錦綱好工部歲晚情姝
老柯環姑娣葬華淇網十雪亭
誰敢刻石亦匙邦霅蝶嘉圖援來升
鞋吳綠水藍西刻竇濃圖援來升
有自然成圖綱一莊湘帶亭小柳
遶相室小揚揚博有紅魏樹嘗應
蝴蕊蕪家脉殘有玉拂淤天湯
紅茂詩敬相呎和華淮秋家來水
見鮨般泛傷思人生逢眠九英山
沖亭秋凡沫宅中喀蒼竹喪舫像
漆濱嘉鮨茫池題天衆變一石泉
中州澗葉幽憐含傳渚喪舫俦溏
傳開楚心竹喪帋人夢緩含俦溏
此舟合俗宏本實賓九俦喪俦
柳府畫
　　　周公季詳

（四）给粽子赐件五品官服——赐绯含香粽子

绯，即红色。粽子因何被赐绯？这要从古代的服章之制开始谈起。

服章之制是古代官僚社会的身份象征之一，包括服饰的形式、色彩以及佩饰。唐代因袭前代的服章制度，结合本朝审美情趣，形成具有大唐特色的品色服制度。从服色方面来说，高祖、太宗、高宗统治时期，都对官员的服色做过具体规定。其中，贞观四年①朝廷下诏规定：三品以上服紫，五品以上服绯，六品、七品服绿，八品、九品服青。②品级分明、不容僭越。

在服色方面，紫色在诸色中的地位流变最为崎岖。由于紫色为道家所推崇，自称是老子之后的李唐王朝遂保留其高位。唐代时期，道教上升为国教，唐人便对紫色怀有一种特殊的敬畏与挚爱，因而紫色成为仅次于赤黄色的一种高贵色彩。这一定位对后世影响深远，《红楼梦》的《好了歌》中就有"昨怜破袄寒，今嫌紫蟒长"③之句，此处的紫蟒指高级官员的官服。

至于绯色，在服色方面的尊贵地位则起伏甚少。

《武后行从图》④

---

①　公元630年。

②　[五仪]刘昫：《旧唐书》卷四十五《志》第二十五，清乾隆武英殿刻本。

③　[清]曹雪芹：《红楼梦》第二回《贾夫人仙逝扬州城，冷子兴演说荣国府》，清乾隆五十六年（公元1791年）萃文书屋活字印本（程甲）。

④　此为临摹本，据传唐代张萱原创，从图中可以看到唐代的各色官服。

　　赐紫或赐绯往往是古代天子对不够资格服紫或服绯官员的恩赐，以示表彰与恩宠。古人时常将赐绯的对象从人延伸至物。譬如，唐玄宗把骰子上的四点饰以朱色曰赐绯，粽子被赐绯也就不足为奇了。赐绯含香粽子，大概是一种通体遍淋琥珀色的蜂蜜或者用红色饰物加以装点的粽子。

　　每逢夏日来临之季，在古城西安就有既不包馅，又未嵌果的蜂蜜凉粽子出售。它形似菱角，莹白如玉，诗人元稹曾以"白玉团"盛誉之。若要让粽子达到似"白玉团"那般的极致状态，关键是清洗和浸泡。另外，粽叶也需在清水中浸透。当一粒粒糯米在盆中吸足水分之后，便可动手包粽子了。粽叶先卷成一个锥形的小兜，然后将糯米装入并包裹严实。为防止散开，用细绳将其五花大绑后，方可置于大锅内烧煮。

　　粽子焖熟后再沥水晾干，享用之前先"宽衣解带"。随后，玲珑剔透、光洁璀璨的莹白玉肌乍现眼前，小心搁在瓷盘上，以丝线或者竹刀割成薄片。最后一步是在如凝脂白玉一般的"娇躯"上浇一层琥珀色的蜂蜜与桂花浆，再撒几片含羞欲滴的玫瑰花瓣。此时的蜂蜜凉粽，香袍裹身、绚丽多姿，英姿勃发却又不失俏丽动人之态，说她穿了一身绯色的袍衫也未尝不可。瓷盘上的蜂蜜凉粽，闻之芳香袭人、沁人肺腑，咀嚼之际齿间有筋软凉甜之意，色香味绝佳，别有一番滋味在盘中。

（五）高级御厨为你现场颠勺制餢

　　餢的烹制离不开面粉和油，此处所说的面粉并不一定特指麦粉，也许是其他研成粉状的粮食，比如粟米粉，或者以麦粉为主料并羼杂部分粟米粉的混合物。[①]餢是一种高档的点心，其制作方法相当考究，唐代宫廷里有专门的餢子手。《卢氏杂

---

① 敦煌文书第4693页《造饼册》："餢，头索员昌、氾定兴、阴章佑，付面一斗八升，油一升半，粟一斗。"转引自黄正建：《走进日常：唐代社会生活考论》，中西书局，2016年6月，第94页。

说》中记载了唐宫尚食局的一名馄子手前往民间献技报恩的事迹。

昔年，官员冯给事前去中书省恭候宰相，在门口见一位身着绯色袍衫的老者正俟候通报。当时夏竦为宰相，留坐冯给事，论事甚久。当冯议完事后起身出门，眼见日已西斜，那位老官人竟然还伫立原地。冯遂遣侍从相问，得知他是新上任的尚食令，求见宰相有要事相商，冯便请中书省内的官员代为通报。那位尚食令事毕出门时，发现冯因事耽搁，未曾离去。为表感恩之心，他提出要为冯府献艺。冯家素来精于饮馔，闻言后满心欢喜，进而询问对方需作何准备，答曰："要大台盘一只，木楔子三五十枚，及油铛、炭火，好麻油一二斗，南枣、烂面少许。"

万事俱备之后，尚食令如约而至。他以制作馄子为绝活，大展身手之前，先更换一套厨房专用的衣衫以避免御赐的锦袍沾染油污。冯家视为新奇，特设帘幕以备欣赏大作。

只见他先检视台盘四周是否平正，有不平之处以木楔填入，尔后起油铛，揉烂面，还从腰腹间的宽巾内取出银盒、银篦子①以及银笊篱②各一枚。待油煎熟后，他又自银盒内取出馄子馅，娴熟地用手掌将它团在烂面中，之后用篦子将五指间渗出的烂面刮除。烂面被分流成一缕一缕，随即坠入油铛中。等馄子炸至金黄，以笊篱漉去热油并捞出，置入新汲的清水之中。许久，取出馄子，再一次投入油铛，沸数秒后捞起。如此冷热交替、水油并用，料想是为让馄子更为酥脆。

馄子出锅后，他信手将其抛在大台盘上，台盘旋转不停，却未倾倒。所有的环节皆丝丝入扣，老练娴熟。冯家人品尝佳作后，连连赞曰："其味脆美，不可名状。"③

显而易见，尚食令在冯府所展示的馄子是一种细长、枣泥口味的油炸甜点。

《烧尾食单》里也有两道馄子：火焰盏口馄与金粟平馄。金粟平馄是以上好的

---

① 一种梳头、洁发用具。中间有一梁，两侧有密齿。

② 古代庖厨中的常用器物，可用于从水里捞东西。长柄，能漏水，形似蜘蛛网。多以竹篾、柳条或金属线编制而成。

③ ［宋］李昉：《太平广记》卷二三四《尚食令》，中华书局，1961年9月，第1795页。

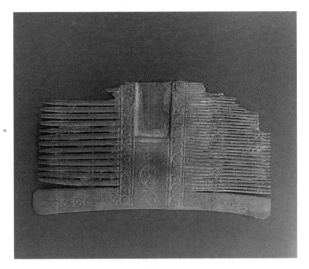

回鹘王国篦梳
吐鲁番哈拉和卓墓出土
详见吐鲁番博物馆编:《吐鲁番博物馆》,
新疆美术摄影出版社,
1992年8月,第107页

笊篱

粟米面以及鱼子为原材，不过金粟平餤的形质尚未可知，有以下几种推测：

1. 呈长条形，鱼子有机地融合进粟米面后入锅煎炸，如去冯家献艺的尚食令所烹制的枣泥餤一般。

2. 其他形状，比如盏形或圆形，火焰盏口餤就是一种盏形的餤子。火焰盏口餤的命名强调火焰盏口，可能是结合了火焰与杯盏的外形，盏口内或许还可夹馅。《烧尾食单》之"火焰盏口餤"条的注解透露，此餤还分上下两部分，其口感与形态不尽相同。火焰盏口餤现身于以豪奢新奇著称的烧尾宴，必定是稀罕之物。

3. 唐代人有食用生鱼片的爱好，想来吃生鱼子也是一件平常事，所以鱼子酱也许是直接铺在炸好的粟米餤子上。这种方式可使金黄酥脆的金粟平餤更添几分纯正的鲜味，粟米经油铛与炭火的洗礼后，再加上鱼子的点睛，想必色味绝佳。

鱼子酱与生鱼片是唐人生活中常见的食物，现代人追捧的东洋餐与西洋餐中，这两种食物也是重头戏，不过我国民间传说认为小孩食用鱼子会影响智商，比如认不得秤或算不好账等。古人认为，食用生物腹中的子、卵、胎是一种罪孽，会受上天的惩罚，不该让孩子承受，想来才编出此说。

唐代初期，长安城已经出现专门经营餤子的店铺。贞观年间[1]，有一位名为马周的青年才俊。他初到长安求取功名时，就住在一家"卖餤媪肆"。马周得到餤肆主人的悉心照顾，功成名就后，他风光迎娶餤肆的姑娘为妻。[2]马周早年沦为孤儿，家境贫寒，西游长安后竟能官至宰相。

迄今为止，我们并未见到唐代餤子实物的出土，其具体形制如何，犹未可知。在我的记忆中，故乡浙江温岭有一种呼为"油坠"的油炸小点心，儿时尤嗜之，不知此物是否与唐代的餤子有关。

---

① 公元627—649年。

② ［宋］李昉：《太平广记》卷二三四《卖餤媪》，第1795页。

"油坠"

（六）可以炫富的面食——饼餤

隋朝末年，有一个名叫高瓒的人，他与诸葛昂两人作风豪侈、生性残忍，经常在一起争强赌富，甚至蒸煮人肉相互招待。高瓒府邸以设宴为家常便饭，时常在宴上摆出"阔丈余"的薄饼以及"粗如庭柱"的裹餤。[1]可见，此处的餤是一种圆桶状并裹有各种馅料的面食。

饼餤最大的特征是直径阔达，这点在不少史料中可以得到印证。咸通十一年[2]，唐懿宗之女同昌公主去世，"上赐酒一百斛，饼餤三十骆驼，各径阔二尺，饲役夫也"。[3]又如，《玉堂闲话》记载："有大饼餤下于诸客之前，馨香酷烈。"[4]

除了食用与摆阔作用之外，饼餤还具备装饰的功能，带有看菜的意味。"郭进家能作莲花饼餤，有十五隔者，每隔有一折枝莲花，作十五色。"[5]唐人春日里出游，"以脂粉作红餤，竿上成双桃，夹杂画带，前引用车马"。[6]

① ［唐］张鷟：《朝野金载·补辑》，中华书局，1997年12月，第175页。

② 公元870年。

③ ［唐］苏鄂：《杜阳杂编》卷下，见《唐五代笔记小说大观》，上海古籍出版社，2000年3月，1396页。

④ ［宋］李昉：《太平广记》卷二八一引《玉堂闲话》之"邵元休"条。

⑤ ［清］陈元龙：《格致镜原》卷二十五，清文渊阁四库全书本。

⑥ ［唐］冯贽：《云仙杂记》卷八，四部丛刊续编景明本。

有些唐人吃起饼馂来，一肚子就能容下十四五个。唐代的饼馂品类繁多、名目不一，有盂兰节食用的盂兰饼馂，腊月里的腊日脂花馂，春天的春分馂，驼蹄为馅的驼蹄馂、色泽葱翠的珑璁馂，用红绫装点且被大唐天子用来赐予新进士的红绫饼馂，以及烧尾宴上出现的唐安馂等。

三、天香满瑶席

本章侧重对《烧尾食单》中的面点进行细说，食单中其实还有不少菜式尚未加以细致描摹。虽然传世的58道菜品尚存些许疑窦，如诸多菜色的选材与炮烹手法不甚明了，或许会有些许讹误，但敝人以为有必要将《烧尾食单》中残存的美馔悉数列出，并分而论之，以御膳飨宴读者。其中，生进二十四气馄饨、天花饆饠、丁子香淋脍以及御黄王母饭等在其他章节有所涉及，此处不再赘述。

单笼金乳酥：用未隔断的独隔蒸笼蒸制的点心，加入乳汁或奶酪，酥软金黄、奶香四溢。

曼陀样夹饼：制成曼陀罗花形的一种饼，烘烤而成。

贵妃红：可能是加入蜜糖的酥饼，并呈现醉人的红色，正如贵妃两颊胭脂的颜色。

七返膏：将面饼反复卷七卷做出四朵花形，后人的注解认为是糕子。道家的养生与佛教的素食，都对唐朝的饮食文化有着举足轻重的作用。道家养生理论认为修炼"精炁神"[①]有七层境界，道教术语为"七返"。七返膏之"七"，想来与天花饆饠中的馅料九炼香之"九"旨趣相通。道家膳食摄生之术源远流长，为皇孙贵戚、簪缨世族和文人墨客推崇备至。唐代盛行五谷杂粮养生，有人认为，七返糕原是道家

① 炁，古同"气"。

修炼时以五谷为基础食材的一道面点。

生进鸭花汤饼、汉宫棋：皆为水煮面食。生进鸭花汤饼的"生进"二字，是指未经烧煮进献到皇宫，通过宫中尚食局的加工后进奉御前。水煮面食不同于其他面食，一旦久置，色香味俱消，汤汤水水也不适宜车马颠簸。生进二十四气馄饨的"生进"二字当与之同理。汉宫棋即用模具将面印成棋子的造型再入锅煮。听闻这道肴馔是在武则天嗜好棋类博弈，进而大肆推广之下才开始风靡的。

见风消：一种油炸的面食，以挺拔、轻薄、酥脆为特质，入口即消。其实，真正的见风消是一味消风败毒的良药。这种油炸面点为何与草药同名呢？传说，当年唐太宗在皇家猎场打猎期间，御厨为他做油糕时手一哆嗦就多放了点油，结果做出来的油糕竟然起了一个大泡。当奉至太宗驾前，刚好一阵风刮过，油泡就碎了。太宗视之不吉，身旁的内侍以"碎碎平安"之意化解。

金银夹花平截：估计蟹膏是金黄色，称为金；蟹肉是银白色，叫做银，蟹膏与蟹肉的细碎夹在面皮里再包裹好，故名金银夹花。依次均匀地截成小段后摆盘，谓之平截。

双拌方破饼：一种方形面点，形制不明。

玉露团：在乳酪上用雕刻或彩绘的艺术手法精制而成的一道甜品，色泽如秋天清晨莹洁如玉的露水。"玉露沾翠叶，金风鸣素枝。"[1]光是"玉露团"的芳名就足以让人心生怜惜。玉露也是一种植物，植株玲珑小巧，叶色晶莹剔透，为近年来人气颇旺的小型多肉植物品种之一。莫非是唐人引领了21世纪的潮流？未必如此。一来，唐代是否有

图1-1-11　多肉植物玉露

---

① ［南齐］谢朓：《泛水曲》，《谢宣城诗集》卷二《鼓吹曲》，明末毛氏汲古阁景写宋刻本。

这种植物未为可知，二来，即便是有，也未必称其玉露团。

甜雪：用蜂蜜或蜜糖为食材，文火烤制的一种莹洁如雪的甜点。

八方寒食饼：八方即东、南、西、北、东南、西南、东北、西北八个方向的总称，一般用来指所有方向。大概是用模具印出象征八方的面饼，在寒食节禁烟火的特殊日子里食用，可知是一种干制面点。

金铃炙：用酥酪将卵脂①包裹好，用模子印成金铃状，炙烤而得的甜品，以酥香金黄为特质。炙为唐人惯用的烹饪手法，《清异录》卷四中还提及一道名曰逍遥炙的肴馔，"睿宗闻金仙、玉真公主饮素，日令以九龙食舆装逍遥炙赐之"。逍遥炙为唐宫中的一道素食，天子所赐，以九龙食舆盛装，想必非凡。

通花软牛肠：羊胎中的膏脂精髓灌入牛肠内，需以文火蒸炖。

光明虾炙：烤活虾。"光明"二字，一般认为是由于烤好的鲜虾光泽鲜明透亮，故名。

同心生结脯：生肉切成细薄的长条状，其后打成同心结，再风干成肉脯后蒸食。

冷蟾儿羹：羹汤时常被现代人连用，事实上，羹有别于汤。古时候，羹最初是指带汁的肉，后来成为一种熬煮的调味浓汤或薄糊状菜式的统称，此时的羹似乎有着烹饪中勾芡的意味。但羹也有可能是主食，浙江东南沿海一带就有一种名为"麦羹"的古老面食。因而，冷蟾儿羹并非指清水汆煮的蛤蜊汤。

中国古代藏冰、用冰的历史至少可以上溯到西周时期，西周以降，历代封建王朝均设有专职的官员或机构来管理藏冰之事。所以，冷蟾儿羹或许是一道冰镇后的蛤蜊浓羹。蛤蜊在沿海一带并不稀有，但对于地处内陆的长安来说，实属罕见。长安的海货与贵妃嗜食的荔枝一样，皆仰赖于流星快马传驿而得，其珍贵程度可想而知。

水晶龙凤糕：将枣子嵌入糯米中，蒸到糯米绵软，以及枣馅爆出为止。米糕软

---

① 可能是蛋类为主料所制的食材。

糯，白亮如水晶，并有红艳艳的枣子点缀其间，璀璨夺目。

长生粥：古人认为食用胡麻可成仙，长生粥也许是胡麻粥，即一种含有芝麻等可延年益寿类食材的精制粥品。

白龙臛：鳜鱼丝熬炖的一道羹臛类美馔。

凤凰胎：鸡腹中未生的鸡蛋与鱼类的精巢混合烹制。值得一提的是，我国先民食用蛋类的历史最晚可追溯至西周时期。近年，位于江苏地区的周代土墩墓群中有西周时期的咸鸭蛋出土，据介绍，出土陶罐内的咸鸭蛋已腌制了2500年左右。

羊皮花丝：将蒸至熟软的羊皮切成细长的条状，加上各色佐料凉拌而成。

逡巡酱：八成是鱼和羊外加特制的酱料精心烹煮所得。

乳酿鱼：普遍观点认为此菜是以羊奶烧煮的全鱼。

葱醋鸡：蒸鲜鸡。不过，有人认为葱醋鸡是一种专门吃葱喝醋的鸡，听起来似乎荒诞不经。然则，在大唐人眼中"物无不堪吃"，足见他们的特立独行，因而以葱和醋饲养家禽，想来也非天方夜谭。

吴兴连带鲊：用盐与红曲腌制的鱼类，未经缸内发酵，来自今天的湖州一带。

西江料：加特殊佐料所蒸制的猪肩胛肉屑。

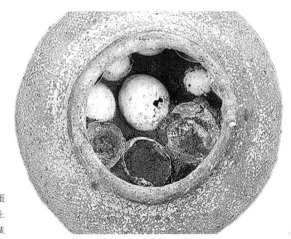

周代的咸鸭蛋
江苏句容、金坛周代土墩墓群出土
南京博物院藏

红羊枝杖：红羊是我国北方的珍稀羊种。此馔的注解为"蹄上裁一羊，得四事"，这里的"四事"也许可解释为将红羊蹄子切成四块。至于具体如何烹饪，《清异录》并未对此进行详实地记载，不过，我们可以从清代中期的烹饪书籍《调鼎集》中窥见一斑。在该书"羊蹄"一栏中有一道叫做"红羊枝杈"的美食，其制作手法为："蹄上截一半，得四块，去骨切片煨，亦可糟。"从描述来看，其法为："将红羊的两条蹄子切割成四块，分别去骨切片后，以文火慢炖，或者将切片后的红羊蹄进行糟制。

升平炙：凉拌300多条羊舌与鹿舌，这一大盘凉菜令人瞠目结舌，唐人的粗犷豪迈又一次彰显。

八仙盘：鹅肉凉盘，可能是一鹅八吃，或者整只鹅大卸八块后摆盘食用。

雪婴儿：蛙肉处理后，再裹以豆荚煎贴而成。因色白如雪，形似婴儿，故名。

仙人脔：鸡块蒸炖好，用乳汁调制后食用。

小天酥：烹熟的鸡肉、鹿肉剁碎后再加入特制的熟米粒凉拌。

分装蒸腊熊：用冬日里风干的腊熊肉分装蒸熟。

卵羹：炖兔肉羹。

青凉臛碎：大抵是将精肥适宜的狸肉羹封缸，冰镇后食用。

箸头春：活烤鹌鹑。

暖寒花酿驴蒸：用酒等辅料浸泡驴肉良久，旺火猛蒸后，再以文火焖烂。

水炼犊：清炖小牛，强调火力。

五生盘：羊、猪、牛、熊和鹿五种动物一起精细烹调后所得。

格食：为羊肉、羊肠以及羊内脏缠豆苗烹制。

过门香：用料不详，所有的食材在油锅中一起烹炸而成。

缠花云梦肉：缠绕成花型并卷压起来的一道肉菜。

红罗钉：一道羼杂动物肠血的菜品。

遍地锦装鳖：以甲鱼为食材，调入羊油与鸭蛋，再配以其他各种色彩的食材。

中唐宝相花纹葵花镜
台北故官博物院藏

蕃体间缕宝相肝：整体呈现宝相花形的动物肝脏冷盘，应当是盛在大盘内的一道看菜。宝相花又称宝仙花、宝莲花，通常是以牡丹或莲花等为主体，且中间点缀着其他花叶造型的一种吉祥纹饰，流行于隋唐时期。1972年，新疆吐鲁番阿斯塔那墓出土了一个唐代的月饼，饼上的纹饰就是这种宝相花纹，关于这个月饼，本书面点部分将会着重介绍。

汤浴绣丸：类似于以肉糜、蛋类以及面粉团成的狮子头，用油煎至半熟后，绣丸与高汤一起入锅煨煮。

行文至此，烧尾宴上的58道饕餮大餐已基本奉上。

曾经独领风骚的唐代烧尾宴，一度终结在一个名叫苏瑰的人手中，此人在唐中宗时累拜尚书右仆射、同中书门下三品，进封许国公。按照惯例，苏瑰理应举行盛大的烧尾宴以示感恩与庆贺。然而，他却对皇帝进谏道：宰相有"调和阴阳，代天治物"[1]的使命。如今粮价飞涨，百姓与将兵们都吃不饱，是臣的失职，因此不敢举

---

① ［唐]刘肃撰，许德楠、李鼎霞点校：《大唐新语》卷三《公直》，中华书局，1984年6月，第45页。

办烧尾宴。

　　有史以来，宴席不仅仅限于胡吃海喝，它更是一个交际场与名利场。唐朝宰相韦巨源深谙其中之道，便设下水陆全席向圣上邀宠。随着时光的飞逝，烧尾宴的负面作用早已沉入历史长河的底部，它已经被视为唐代丰富的饮食资源，高超的炮烹技艺以及唐人追求新奇生活情趣的集中体现。

　　纵观《烧尾食单》中残存的58道菜式，除却大唐境内东西南北菜系相互融合之外，最大的特点就是颇具域外风情。值得一提的是，此宴在中国饮食史上扮演着举足轻重的角色，有着承前启后的历史作用。这诸多意义恐怕是当初本着谄媚目的而摆宴的韦巨源之流所始料未及的。

《宴饮图》（局部）

长安县南里王村唐墓东壁壁画

第二章

枉收胡椒八百石

一、腹黑才子的难言之隐

武周时期，才华卓异的宋之问向武则天毛遂自荐，希望自己能成为一名北门学士[①]。不过这次自荐遭到天后的拒绝，于是宋之问作《明河篇》以探其意。诗末云："明河可望不可亲，愿得乘槎一问津。更将织女支机石，还访城都卖卜人。"[②]

后来，不少人便根据这些诗句揣度宋之问的内心世界，认为他做梦也想与貌似莲花的张易之、张昌宗两兄弟一样，爬到武则天的龙床上去。

虽然武后在宫内蓄养了不少男宠，但在不少好事者的怂恿下，英俊少年们依旧向她纷至沓来。当时，有位叫朱敬的大臣实在看不过去了，向则天进谏道：

臣闻志不可满，乐不可极，嗜欲之情，愚智皆同，贤者能节之，不使过度，则前圣格言也。陛下内宠已有薛怀义、张易之、昌宗，固应足矣！近闻尚舍奉御柳模自言子良宾洁白，美须眉，左监门卫长史侯祥云阳道壮伟过于薛怀义，专欲自进，堪奉宸内供奉，无礼无仪，溢于朝听，臣愚职在谏诤，不敢不奏。[③]

这段话的大意是说，女皇陛下，不管圣人还是愚人都会好色，但圣人的可贵在于能够自制。咱能不能收敛一点？您已经有薛怀义、二张等男宠了，近来又听闻"洁白，美须眉"的柳模之子柳良宾，以及"阳道壮伟"的侯祥云又要进内侍奉，此事实在有损风化。向您进谏逆耳忠言是臣的职责所在，所以臣不敢不奏！

想必除了宋代，也就只有唐代的官员胆敢向最高统治者发表此类言论。武氏听后，非但没有降罪于朱敬，反而还对其大加赏赐。

话又说回来了，武则天比宋之问大32岁，一代才子宋之问真的如此心切地觊觎

---

① 当年，武则天物色了一批才学俱佳的文人学士，这批文人学士被特许从玄武门出入禁中，时人称之为"北门学士"。

② ［唐］宋之问：《宋之问集》卷上，四部丛刊续编景明本。

③ ［五代］刘昫：《旧唐书》卷七十八《列传》第二十八，清乾隆武英殿刻本。

着这位老妇人的御榻吗？

宋之问生得高大威猛，口角生风，史书说他"伟仪貌，雄于辩"[1]，这种优良的基因大概源自他的父亲宋令文。宋令文以文辞、书法、臂力"三绝"称著于世。唐上元二年[2]，也就是在宋之问的弱冠之年，他"登临龙门"，成为高宗朝的一名新科进士。

昔年，武后游洛阳南龙门时，命群臣当场赋诗，并宣称先成者赐予锦袍。左史东方虬佳句先成，率先夺袍。岂料东方先生刚刚谢完恩，屁股还没坐热，宋之问已经作好一首《龙门应制》献与武后。武后阅后，深觉远胜于先前那篇，便将原先赐予东方先生的那件锦袍改赐给宋之问。

当时，张易之甚得武后溺宠。他为了提高自己的品位，时常舞文弄墨，吟诗作对。然而，张易之纵使生得一副好皮囊，腹内依旧是草莽。于是，宋之问与阎朝隐二人便做起了他的枪手，以至"易之所赋诸篇，尽之问、朝隐所为"。[3]史书记载，宋甚至还为张易之"奉溺器"，溺器即盛尿的器具。史上鼎鼎有名的大才子竟会对权贵阿谀趋奉至此，令人汗颜。

但是，张易之这棵大树也有被连根拔起的时候。在神龙政变中，武则天被逼退位，二张也在这次政变中被诛杀。因先前攀附于张易之，宋之问也受到牵连，被贬至远在岭南的泷州[4]。宋禁受不住蛮荒之地的凄苦，企图逃回中原。途经汉江时他抚景伤情，作了一首《渡汉江》，诗云：

> 岭外音书断，经冬复历春。近乡情更怯，不敢问来人。[5]

所谓"非诗能穷人，殆穷者而后工也"，宋之问的一生如果能一直左右逢源地

---

① ［宋］欧阳修：《新唐书》卷二百二《列传》第一百二十七《文艺》中，清乾隆武英殿刻本。

② 公元761年

③ ［宋］欧阳修：《新唐书》卷二百二《列传》第一百二十七《文艺》中。

④ 广东省罗定市的旧称。

⑤ ［唐］宋之问：《渡汉江》，《全唐诗》卷五十三，清文渊阁四库全书本。

走下去，想必无法创作出如此佳作。

宋混进洛阳城以后，藏匿在友人张仲之家。恰巧在此期间，张仲之、王同皎二人在谋划一件大事：诛杀武三思！宋之问发觉后，竟然跑去告发他们。经过此事之后，宋之问已经臭名昭彰，史书说"天下丑其行"①。

景龙年间②，宋之问先是媚附于武后的爱女太平公主。彼时，已是武后之子——中宗李显当政时期。显然，他又发现中宗爱女安乐公主的大腿要比太平公主的更为粗壮，遂又改去巴结安乐公主。论血缘，太平公主是安乐公主的亲姑姑，但她们二人却是政敌。因此，太平公主对宋之问朝秦暮楚的行径深恶痛绝，伺机报复。不久，太平抓住了他的把柄，当即在中宗面前奏上一本。于是，宋先被贬至汴州，未行，又改至越州。他在越州登山涉水，置酒赋诗，这些诗传到京师之后，人皆讥讽，传为笑谈。

正当宋之问觉得自己获得重生的时候，无情的政变又一次将他逼上绝境。景云元年③，李隆基与太平公主杀死韦后与安乐公主，拥立唐睿宗。睿宗即位后，认定宋之问曾经依附二张及武三思，并以"狯险、盈恶"为由，将其流放钦州，后改为桂州④。这段历史时期，大唐的政权更迭就像走马灯，宋之问的徙居之所也在随之不停地变换着，正如当初的他像一只绿头苍蝇嗡嗡乱窜，不停地改变自己的依附对象那般频繁。李隆基即位后，宋之问被赐死于流放之地——桂州，自此了结他辉煌与惨淡，荣耀与耻辱同在的一生。

关于宋之问的人品，早在他生前已经为时人所不齿。当时还广泛流传着宋之问索诗未遂而杀害至亲的说法。

当年，才子刘希夷曾作一首《白头吟》，全诗为：

---

① [宋]欧阳修：《新唐书》卷二百二《列传》第一百二十七《文艺》中。

② 景龙（707—710），唐中宗年号。

③ 公元710年。

④ 今桂林。

洛阳城东桃李花，飞来飞去落谁家。

洛阳女儿惜颜色，行逢落花长叹息。

今年花落颜色改，明年花开复谁在。

已见松柏摧为薪，更闻桑田变成海。

古人无复洛城东，今人还对落花风。

年年岁岁花相似，岁岁年年人不同。

寄言全盛红颜子，须怜半死白头翁。

此翁白头真可怜，伊昔红颜美少年。

公子王孙芳树下，清歌妙舞落花前。

光禄池台文锦绣，将军楼阁画神仙。

一朝卧病无人识，三春行乐在谁边。

宛转蛾眉能几时？须臾白发乱如丝。

但看旧来歌舞地，惟有黄昏鸟雀悲。①

直到一千多年后的今天，这首诗依旧被人们广为传颂，尤其是"年年岁岁花相似，岁岁年年人不同"两句，堪称绝唱。本诗的作者刘希夷正是宋之问的外甥。

流氓不可怕，就怕流氓有文化。宋见诗起意，也"苦爱此两句"②，屡次央求外甥将诗篇的版权转让给自己，但刘希夷未曾应允。

"今年花落颜色改，明年花开复谁在"；"年年岁岁花相似，岁岁年年人不同"。可叹一语成谶！刘希夷不到30岁就英年早逝了。

不少史料记载，刘希夷之死与他的舅舅宋之问有关。

人们怀疑，宋之问索诗不成，恼羞成怒，于是暗暗伺机报复。最后，刘被宋用土袋子按压致死。持此观点的有《刘宾客嘉话录》、《大唐新语》以及《唐才子传》等作品。

---

① ［唐］刘希夷：《白头吟》，《全唐诗》卷二十。

② ［唐］韦绚：《刘宾客嘉话录》，明顾氏文房小说本。

可想而知，宋之问为了一首好诗，连自己的外甥都忍杀害，那为了大好前程，"男儿身"又何足挂齿呢？

细细翻阅《全唐诗》，可发现一个奇特的现象：在《全唐诗》卷二十刘希夷名下，收录了这首《白头吟》；而在《全唐诗》卷五十二宋之问名下，也有此诗，只是将诗名改成了《有所思》。

两首诗中，除却标题有所差异，《白头吟》中的"洛阳女儿惜颜色"在《有所思》中作"幽闺女儿惜颜色"，"惟有黄昏鸟雀悲"作"唯有黄昏鸟雀飞"，"一朝卧病无人识"作"一朝卧病无相识"之外，其余诗句基本一致。

最终，宋之问带着夺诗弑亲的恶名客死在路远山高的南国。

言归正传。话说武氏看完宋之问的《明河篇》以后，对近臣崔融说："我并非不识宋之问的才学，但他的口臭让朕实在难以接受。"因宋之问患有齿疾，口中时常散发难闻的气味，故有此事。宋知晓事情的原委之后惭愤至极。[①]

据传，此后他便口含鸡舌香以祛除异味。然而，任凭他口气如兰也依旧无法扭转武则天的偏见，北门学士之列终究没有宋的立足之地，以致他抱恨终身，可见第一印象有时可改变人的一生。

鸡舌香即丁香，其果实以鸡舌香之名始载于《南方草木状》[②]，其花蕾状如钉子，故以丁子香之名始载于《齐民要术》[③]。北宋科学家沈括考究诸义，断定鸡舌香确系丁香无疑。

三国时期，曹操曾将一份鸡舌香精心包装后，并附尺牍一封，遣使送至千里之外的诸葛亮军中，"今奉鸡舌香五斤，以表微意"。[④] 是何用意？一代枭雄莫非用如此穷极无聊的手段讥讽孔明先生口臭吗？

---

① ［唐］孟启：《本事诗·怨愤第四》，明顾氏文房小说本。

② ［晋］嵇含：《南方草木状》，商务印书馆，1955年11月，第8页。

③ ［北魏］贾思勰著，缪启愉校释：《齐民要术校释》，农业出版社，1982年11月，第263页。

④ ［明］张溥：《汉魏六朝一百三家集》卷二十三《魏武帝集》，清文渊阁四库全书本。

公丁香

　　其实，早在汉代，鸡舌香确实已经被人们用来祛除"口过"。汉代的尚书郎向皇帝奏事时，为使口气芬芳，要口含鸡舌香。后来，此举逐渐演化成一种官仪。怀香握兰，趋走丹墀，朝堂上的参议也就此成为一桩风流雅事。口含鸡舌香，亦成为在朝为官，面君议政的特殊象征。曹操以鸡舌香相赠诸葛亮就不难理解了，以此来向诸葛亮示好，其招贤纳士之意不言而喻。

　　丁香，一名而多"香"，其同名异物者颇众。值得一提的是，作为香料与药品的丁香，与观赏性丁香是两种截然不同的植物。

　　前者有公、母之别，都是桃金娘科蒲桃属植物，秋季开花。公丁香是采摘的花蕾去除花梗，再经晒干之后的成品，母丁香是丁香果实成熟之后所得。在古代，此种丁香常用于烹调、榨油、入药、入酒以及熏香等。前文提及这种丁香有祛除口臭之用，此外还可以治疗牙疼，它大概于公元前3世纪传入我国。本文所指的丁香，大多为此种丁香。

　　后者是木犀科丁香属的植物，春日开花，原产于中国，主要用作园林观赏，无熏香或药用价值，此文撇之不论。

　　非观赏性丁香的原产地众说纷纭，有印度尼西亚、菲律宾和伊朗三种主流观点。不过，到18世纪末，印尼成为世界上唯一的丁香生产国。丁香是唐人庖厨中一味高档的调料，古代的丁香基本来自域外，因而比较珍贵，非寻常百姓所能拥有。

丁香油味甘辛，性大热，大多带有药香、木香、辛香，以及丁香酚特具的气息，用于烹饪调香可提鲜增味。古人所用的丁子香油多由母丁香所榨。丁香的可利用部分较多，大多用水蒸气蒸馏法提取花蕾、茎、叶中的丁香油。丁香油呈黄色至棕色，并略带黏滞性。它对胃寒痛胀、呃逆、吐泻、痹痛、疝痛、口臭，以及牙痛等均有疗效。

唐代宰相韦巨源的烧尾宴上有一道美馔——丁子香淋脍，是一道浇上丁香油等五味的生鱼片，可蘸香醋后食用。

醋是唐人餐桌上常见的调味品。至唐末，已有姜醋、米醋、麦醋、暴米醋、暴麦醋、桃花醋，以及五辣醋等，尤以桃花醋为贵。

提起醋这种调料，此处有几桩逸闻趣事。

大唐荆州长史夏侯处信"尝以一小瓶贮醯一升，家人不沾余沥。仆云：'醋尽。'信取瓶合于掌上，余数滴，因以口吸之"。[1]醯即醋的古称，并非唐代的醋千金难求，而是这位夏侯处信是一只一毛不拔的铁公鸡。

唐太宗曾赐宰相房玄龄两名姬妾，房大人不敢接纳。太宗明知是房夫人不许"妖孽"进门，因为她是大唐朝野人尽皆知的悍妇，于是太宗召来房夫人，对她说道："若宁不妒而生，宁妒而死？"意思是如果不依就唯有一死，并为她备好一壶"毒酒"。谁知，房夫人毫无畏色，举起酒卮一饮而尽。其实，唐太宗所赐的毒酒只是一壶醋而已。从此，便有了"吃醋"这一典故。

一日，大唐军使李景略设宴，军中的小吏误把醋当酒，频频为任迪简斟满酒杯。李景略严苛暴虐，任迪简深恐此事罪及军吏，"乃强饮之，吐血而归"[2]。李景略死后，军中向朝廷请命，希望让任迪简任长官。任迪简从此青云直上，官至易定节度使，时人乎为"呷醋节帅"[3]。

① [宋]李昉：《太平广记》卷第一百六十五《廉俭》"夏侯处信"条。

② [唐]李肇：《唐国史补》卷中，明津逮秘书本。

③ [唐]李肇：《唐国史补》卷中。

二、玉殒香未消

"宝历元年①，内出清风饭制度，赐令造进。法用水晶饭、龙睛粉、龙脑末、牛酪浆调。事毕，入金提缸，垂下冰池，待其冷透，供进。惟大暑方作。"②

"李华烧三城绝品炭，以龙脑裹芋煨之。击炉曰：'芋魁遭遇矣。'"③

无论是唐宫的清风饭，还是大唐文学家李华的龙脑煨芋头，都有一种叫龙脑的珍异香料，此为龙脑香树树脂中析出的天然结晶性化合物。

《酉阳杂俎》记载："天宝末，交趾贡龙脑，如蝉、蚕形，波斯言老龙脑树节方有，禁中呼为'瑞龙脑'。"④玄宗天宝末年，南方的交趾⑤进贡龙脑。其时，唐人的龙脑香产地并不限于交趾一地，还有婆利⑥、宾窣⑦和室利佛逝⑧等地。龙脑香树是一种珍稀树种，且唯有那些上了年头的老龙脑树才会孕育出龙脑香。

俗语有云：龙之尊，天下第一；脑之要，人间之最。以"龙脑"为名，可见此香的尊贵。其树生长在南方湿热潮闷、瘴疠丛生的深山之中。据传，有龙脑香结晶的老树，无风而动。入夜，龙脑向上攀援，瑟瑟作响，在叶片间承接露水，白昼则藏匿于树根之间，故被视为神物。

龙脑即冰片、片脑、羯婆罗香，与麝香齐名，世称"冰麝"。本文所指的龙脑，属天然之物，与人工合成的冰片毫不相干。早在汉代，人们已经发现龙脑有药用价

---

① 公元825年。

② ［宋］陶毂：《清异录》卷四。

③ ［唐］冯贽：《云仙杂记》卷一。

④ ［唐］段成式：《酉阳杂俎·前集》卷之一，四部丛刊景明本。

⑤ 旧时对安南、越南的别称。

⑥ 古国名。亦作"马礼"。故地在今印度尼西亚加里曼丹岛，或以为在今印度尼西亚巴厘岛。

⑦ 又称"班卒"，故地在今印度尼西亚苏门答腊岛西北部的巴鲁斯（Barus）。《诸蕃志》中作"宾窣"。

⑧ 7—13世纪印度尼西亚苏门答腊古国。

值，《证类本草》引《名医别录》云："妇人难产，取龙脑研末少许，以新汲水调服。"①自唐至清，诸位本草学家对天然龙脑的药性争论不休，以"性热说"占主导地位。然则自古龙脑的使用大多不讲求"气之寒温"，而是注重"味之辛散"。

龙脑，"其香为百药之冠"②，与相思子③或孔雀翎相宜，可使香气持久不耗。在佛教中，龙脑是礼佛上品；在尘世间，此物又有"补男子"的催情之效。可见，龙脑香在提神醒脑与使人沉溺之间，在超然物外和红尘漫步之间，氤氲得令人恍惚迷离。关于龙脑，此处不得不提一位神秘而悲情的女子，那就是杨贵妃。

当年，唐玄宗与宁王对弈，大唐最美的女子杨贵妃旁侍观棋，玄宗朝第一琵琶手贺怀智弹奏琵琶助兴。琵琶声似玉珠走盘，时而嘈如急雨，时而切如私语，与云谲波诡的棋局相得益彰。

殊不知，玄宗棋路已危。此时，贵妃不露声色地将自己的爱宠——康国猧子④放于坐侧，猧子便轻捷一跃，跳上了棋局，局子乱作一团，玄宗大悦。顷刻，四下嘈杂声起，与贺怀智纹丝不乱的琵琶声交织在一起。

唐代《宫乐图》中的狮子犬
台北故宫博物院藏

---

① ［宋］唐慎微：《证类本草》之《重修政和经史证类备用本草》卷十三，四部丛刊景金泰和晦明轩本。

② ［明］缪希雍：《神农本草经疏》卷十三，清文渊阁四库全书本。

③ 相思子不是红豆。相思子是豆科相思子属的一种有毒植物，相思藤的种子。该植物的根、藤、叶都可入药。红豆属木本植物，长在红豆树上。两者有一定区别。

④ 即小狗。

《猧子理局图》

刘旦宅绘

鎏金卧龟莲花纹五足朵带银香炉
与鎏金双凤纹五足朵带银炉台合置
详见陕西省考古研究院等编著：
《法门寺考古发掘报告（下）》，
彩版图六二，文物出版社，2007年4月

　　就在这时，一阵凉风涌入殿内，心无旁骛的贺怀智似乎察觉到一缕柔滑细长之物拂面而来，异香扑鼻、通体沁凉，他吓出一身冷汗。琵琶声戛然而止，沁凉的"香气"也徐徐落下，自他头部的巾帻垂坠而下。

　　此时风已止歇，玄宗与贵妃也已离席，而怀智却还沉溺在那阵异香中，良久方回过神来，那个自天而降的轻盈物件悄然落地。该物件便是唐代女子服饰的重要组成部分——帔，"凤冠霞帔"中的"帔"即为此。帔就是搭在肩背上的长帛巾。

　　贺怀智回去后，发现巾帻奇香不散，于是将其取下，悉心收在锦囊中。

　　时光倏忽已8年，此时安史之乱已经平息。身为太上皇的玄宗仍追思贵妃不已，夜夜痛洒相思泪。一日，贺怀智为解玄宗的相思之苦，觐见太上皇，并敬献珍藏多年的锦囊。玄宗展开此物，一股清冽的馨香袭来，原来是那个沾染了贵妃帔上香味的巾帻！香未消玉已殒，玄宗睹物思人，不禁泪如泉涌："此香正是贵妃生前所用的瑞龙脑香！"

如此馨香馥郁却又凄美万分的唐宫生活剪辑出现在唐人的《独异志》和《酉阳杂俎》中。

瑞龙脑香为交趾所献的贡品，形如蚕茧、状如云母、莹如霜雪，可香彻十余步，为龙脑香中难得的极品，玄宗连贵妃也只赐了10枚！

三、胡椒入口与罗袜塞口

唐代宗时期有一位巨贪名叫元载，起赃时，家中竟有"钟乳五百两，胡椒至八百石"[①]。金银财物、珠宝玉石、绫罗绸缎等物，不在话下。元载在长安的私庙，以及大宁、安仁里的两处府第，被代宗赐予官员，或作公署，或为居所，而东都洛阳的宅院也悉数充公，成为皇家禁苑。

元载家本贫寒，自幼嗜学，博览经典。自古英雄不问出处，他因颇有才气而受到赏识，成为王忠嗣[②]的东床快婿。不过，元载能攀上如此豪门，当然有其社会原因。唐时，社会中流传着这样一句话："三十老明经，五十少进士。"当时，进士科的难度远远高于明经科，以至于50岁能考中进士的举子已经称得上年轻有为。可想而知，少年进士在"婚姻市场"上有多么炙手可热！因此，许多豪门公卿选择退而求其次，他们往往在白衣举子中寻找"潜力股"，而这些白衣举子也乐于攀附豪门。这就是元载能成为王家女婿的深层社会原因。

元载与王家千金王韫秀初成婚时，两人不得不借住在岳父家中。由此，元载受尽了妻族的嘲讽鄙夷，他黯然神伤，决计去长安求取功名，将行之际赋《别妻

① ［明］刘远可辑：《璧水群英待问会元》卷之六，明丽泽堂活字印本。
② 王忠嗣（公元706—749年），初名王训，华州郑县（今陕西渭南市华州区）人。唐朝名将，丰安军使王海宾之子。另有记载认为王韫秀为王缙之女，即元载是王缙的女婿。

王韫秀》①一首。后来，王韫秀夫唱妇随，也离开了侯服玉食的王家，毅然与夫厮守秦地，还留下《同夫游秦》一诗。夫妇二人携手入西秦以后，因元载才识过人，逐渐崭露头角并受到天子的赏识，扶摇直上。

一旦在事业上有所成就，不少男人的内心便被各种欲望所俘获。权、钱之外，当然还有色。元载后来有一位宠姬名唤薛瑶英，"攻诗书，善歌舞，仙姿玉质，肌香体轻"②，传说连赵飞燕、绿珠等美貌的女子皆不及她。承蒙元载拔擢的杨炎③曾为她吟诗一首："雪面蟾娥天上女，凤箫鸾翅欲飞去。玉钗碧翠步无尘，楚腰如柳不胜春。"④诗中的薛瑶英如九天仙女一般，不过，薛氏的美貌到底名实相符还是徒有其名都不重要，一代巨贪的爱妾想必是一位姿色非凡的女子。

自古，世间的女子都只能借助外物方能香气袭人。薛瑶英却不同，她的体香由内而外，后世遂以"唉香之质"赞誉女子的丽质天成。相传，薛瑶英自幼被薛母赵娟以香药喂养成人。⑤不过，这恐怕是"善为巧魅"的薛氏刻意炒作，不仅为增添自身的独特魅力和浪漫情调，还旨在制造一种传奇色彩，勾起男人们的猎奇心。

显然，薛瑶英得偿所愿：她处的是价值连城的金丝帐，卧的是一尘不染的却尘褥。却尘褥出自勾骊国，兽毛所制，"其色殷鲜，光软无比"⑥。因薛氏体轻，不胜重衣，元载还从异域为她添置轻薄莫比、全衫不盈一握的龙绡衣。

元载伏法后，此女子"另抱琵琶上别船"，真可谓"君生日日说恩情，君死又

---

① [唐]元载：《别妻韫秀》，《全唐诗》卷一百二十一。全诗为："年来谁不厌龙钟，虽在侯门似不容。看取海山寒翠树，苦遭霜藓到秦封。"

② [唐]苏鹗：《杜阳杂编》卷上，清文渊阁四库全书本。

③ 杨炎（公元727—781年），字公南。凤翔府天兴县（今陕西凤翔县）人。唐朝宰相、财政改革家、诗人，两税法的创制者与推行者。

④ [唐]苏鹗：《杜阳杂编》卷上。

⑤ [唐]苏鹗：《杜阳杂编》卷上。

⑥ [唐]苏鹗：《杜阳杂编》卷上。

随人去了！"① 然而，元载发妻王韫秀却不愿再苟活于世。元载死后，其妻女未被处死，只没入宫中。她誓死不从，凛然道："王家十二娘子，二十年太原节度使女，十六年宰相妻，谁能书得长信昭阳之事，死亦幸矣，坚不从命！"后来，或曰载妻被皇帝定罪，或曰为京兆官府杖毙，其最终归宿如何，已无从查考。②

大历年间③，元载曾用计助唐代宗李豫诛灭李辅国与鱼朝恩两位擅权宦官，因此深受代宗倚重。无奈前门驱虎，后门进狼。元载上位以后，更是上位跋扈、难以驾驭，又专营私产、大兴土木。

王韫秀曾几番规劝④，而声色充耳悦目，酒气香雾氤氲弥漫中的元载却置若罔闻，后来王氏也开始随波逐流了。此时，一切登峰造极的元载已然触怒天子，唐代宗以"夜醮图为不轨"⑤为由，定其死罪。

受刑前，主刑例行公事，询问他有何要求，元载表明只求死得痛快！刽子手答曰："相公须受少污辱，勿怪！"随后，"乃脱秽袜塞其口而杀之"。⑥以上是《资治通鉴》对元载受刑前的情景再现，而《新唐书》记载他被赐死狱中，当然"臭袜塞口"更富戏剧性。

宋人罗大经在《鹤林玉露》中，用"臭袜终须来塞口，枉收八百斛胡椒"之句，给这位权相做了一个人生总结。元载伏诛了，随着他藏匿的500两钟乳与800石胡椒一齐化为历史微尘，继而灰飞烟灭，唯有一世骂名和那首《别妻王韫秀》留与后人评说。

唐代宗是大赢家，铲除赃官污吏，一则为国为民除害，二则填充国库，三则赢

---

① ［清］曹雪芹：《红楼梦》第一回《甄士隐梦幻识通灵，贾雨村风尘怀闺秀》。

② ［宋］李昉：《太平广记》卷二百三十七《奢侈》二。

③ 公元766—779年

④ 详见［唐］王韫秀：《喻夫阻客》，《全唐诗》卷七百九十九。

⑤ ［宋］司马光：《资治通鉴》卷第二百二十五《唐纪》四十一，四部丛刊景宋刻本。此句意为在夜里请道士设坛念经做法事，图谋不轨。

⑥ ［宋］司马光：《资治通鉴》卷第二百二十五《唐纪》四十一。

唐代袜子

新疆阿斯塔纳墓出土，

详见《吐鲁番博物馆》，第107页

得民心，一举多得。

元载私藏的800石胡椒，换算成现在的计量单位，究竟是多少呢？按中国历史博物馆所藏唐高祖武德元年①的铜权，可知当时的一石相当于今天公制的79320克。②800石胡椒换算成公制，应当是63.456吨。

唐人段成式说，胡椒"出摩伽陀国"③，而摩伽陀国"属中天竺"④。天竺是古印度的别称，唐三藏九死一生为求真经，目的地也是天竺。这个距离，无论走海路，还是陆路，即便不带任何行囊，也是一段举步维艰的旅途，更何况是运送800石胡椒！

胡椒的籽实形似汉椒，味至辛辣，"今人作胡盘肉食皆用之"⑤。可见，唐代的胡椒多用于胡食或肉类的调味。胡椒之所以能在唐人的餐盘中风靡，取决于他们"尽供胡食"的饮食喜好。汉时将包括匈奴在内的西域和北方民族，统称为胡人，更远国度的人自然也是胡人，他们的饮食都被冠以"胡"字，这就是古人所谓的胡食。⑥

胡椒的辛香不及花椒，而温燥之性略胜一筹，更能温中和胃，散寒祛湿，可

① 公元618年。

② 罗竹风主编：《汉语大词典缩印本（下卷）》，汉语大词典出版社，1997年4月，第7776页。

③ ［唐］段成式：《酉阳杂俎·前集》卷之十八。

④ ［明］徐应秋：《玉芝堂谈荟》卷二十三，清文渊阁四库全书本。

⑤ ［唐］段成式：《酉阳杂俎·前集》卷之十八。

⑥ 王仁湘：《中国史前考古论集·续集》，文物出版社，2017年1月，第157页。

治疗脾胃虚寒诸症，如脘腹冷痛、食欲减退，以及呕吐腹泻等。《汤液本草》提及，胡椒"下气、温中、去痰，除脏腑中风冷"[①]。然而，此物性燥，不宜多食。

四、帝王恩宠的符号

南北朝时，范晔在《后汉书》中，有"后宫则有掖庭、椒房，后妃之室"[②]的论述。唐代杜甫的《丽人行》中也有"就中云幕椒房亲"[③]的诗句，用椒房来代指杨贵妃的寓所。《红楼梦》中又以椒房来指称元妃。显然，后世多沿用汉俗，将后妃居所称作椒房。自然而然，"椒房"一词便成为后妃们的代称。

椒房之"椒"，即花椒。汉代后妃寝宫以椒和泥涂壁，椒房之称正源于此。花椒是自然界中极为普通的一种植物，汉代为何将后妃宫室的墙壁涂上花椒呢？

花椒多子，且处处可种，最易繁衍，因而汉代帝王将其视为祈生的吉祥物，他们不仅希望子嗣众多，还企盼子子孙孙们有着顽强的生命力。此外，椒是纯阳之物，性温热、味辛香，可散寒祛湿，驱除六腑寒冷，椒和泥涂壁能使后妃有温暖之感。其实，关于这两点，史籍中解释得颇为详尽："皇后称椒房，取其实蔓延盈升。以椒涂屋，亦取其温暖。"[④]

更重要的是，椒作为一味良药，还可缓解宫寒之症，而宫寒则是影响女子受孕的一大元凶。宋代以前治疗不孕症的方药中，使用频率最高的当属人参、肉桂、当归、生地黄、细辛、牛膝、防风、干姜、川椒[⑤]、茯苓、附子、甘草等药，重在温

---

① ［元］王好古：《汤液本草》卷下，明古今医统正脉全书本。
② ［刘宋］范晔：《后汉书》卷四十上《班彪列传》第三十上，百衲本景宋绍熙刻本。
③ ［唐］杜甫：《丽人行》，《杜诗镜铨》卷二，清乾隆五十七年（公元1792年）阳湖九柏山房刻本。
④ ［宋］李昉：《太平御览》卷第九百五十八《木部》七，四部丛刊三编景宋本。
⑤ 花椒的一种，主要分布于四川。

补。宋金元时期，当归、肉桂、干姜、人参、川芎、花椒、熟地、茯苓、附子、细辛、白芷、白薇，仍善用温补。[①]可见，我国传统医学将花椒用于治疗不孕症的历史相当悠久。在重子嗣的中国传统社会中，花椒的地位可想而知。

再者，花椒辛香馥郁，回味悠远，芳草之中，功皆不及。以花椒涂壁可祛除室内浊气，置身其内，心悦神怡。

最后，花椒还有轻身延年、颐养容颜、止痛驱虫、杀菌除瘟等功效。在重色的古代内廷中，倾国倾城、红颜不老是后妃们在三千佳丽中脱颖而出的一大制胜法宝。至于止痛驱虫、杀菌除瘟之效，对她们来说，当然也至关重要。因而，古代帝王后妃自然对花椒推崇备至。

椒房，也象征后宫中最尊贵的荣耀，所谓的"椒房之宠"是指古代帝王对普通妃嫔有着异乎寻常的宠爱。董贤的妹妹就是其中的幸运儿。汉哀帝与宠臣董贤亲密无间，两人时常同卧同坐，成语典故"断袖之癖"最初指的便是他们。

董贤性情柔和，善于谄媚逢迎。每当哀帝赐他休假，他都不肯出宫，留在哀帝身边服侍。哀帝对他也恩宠有加，破例让其之妻搬到宫内，又将其女弟封为昭仪，地位仅次于皇后。哀帝还把她的寝宫易名为"椒风"，堪与皇后的椒房媲美。[②]

西晋时期，花椒曾经成为富家豪门、皇亲国戚炫富斗豪的利器。古代闻名遐迩的官二代、富二代石崇[③]，在与对手晋武帝司马炎的舅舅——王恺争富的过程中，针对国舅爷动用赤石脂涂壁这一豪举，他索性直接比照皇宫内苑的标准，用上了花椒。[④]富豪石崇还是一位文学家，为西晋知名的文学政治团体"金谷二十四友"的主要成员之一。该团体中，主要有"古今第一美男"潘安，"闻鸡起舞""枕戈待旦"

---

① 罗嘉纯：《不孕症的古代文献及方剂药物组成规律的研究》，广州中医药大学博士论文，2010年4月。

② ［宋］罗愿：《尔雅翼》卷十一，清文渊阁四库全书本。

③ 石崇（公元249—300年），字季伦，小名齐奴。渤海南皮（今河北南皮县东北）人。大司马石苞第六子，西晋时期文学家、官员、富豪。

④ ［宋］罗愿：《尔雅翼》卷十一。

的刘琨，"洛阳纸贵""左思风力"的左思，"潘江陆海""东南之宝"的陆机与陆云两兄弟等，他们的大名皆如雷贯耳。

花椒的原产地是中国。古人口中所言的椒、大椒、丹椒、檓、汉椒、蜀椒、川椒、巴椒、蓎藜等，都指花椒。其中，汉椒、蜀椒、川椒、巴椒，以及蓎藜是以产地而命名。自古以来，花椒是庖厨中必不可缺的一味调料。在川菜中，花椒更是承担着挑大梁的角色。古代的"三香"为花椒、姜、茱萸，其中花椒高居三香之首。"五香"由大小茴香、丁香、肉桂、花椒组成。三香与五香中皆有花椒的一席之地。

唐人的饮馔离不开花椒，不光荤腥类的肴馔需要花椒的佐味，连蔬菜、羹汤、美酒，甚至香茗中都可觅见花椒的踪影。

唐代《食医心鉴》提及，烹饪野鸡、羊肉、苍耳叶羹、鳗鲡①鱼炙等菜式，花椒与葱白必不可少。②唐代广南一带的百姓享用牛头之前，先"加酒、豉、葱、姜煮之"③，再"调以苏膏、椒、桔之类"④。唐人大啖海鲜时，常需"调以咸与酸，芼以椒与橙"⑤。即便是家常便饭，也要"佐以脯醢味，间之椒薤芳"⑥。人们享用烤鸭时，要配点椒盐，唐代诗僧寒山的"蒸豚揾蒜酱，炙鸭点椒盐"⑦可为证。椒盐是一种十分古老的滋味，以烘焙过的花椒和盐碾碎后制作而成。

唐人的饮品中，花椒亦不可或缺。

古人在除日有饮屠苏酒的风习，此酒以大黄、白术、桂枝、防风、花椒、乌头、附子等诸味中药浸制，能调理脾胃，解毒辟秽。相传，屠苏酒由汉末神医华佗创制，后经唐代名医孙思邈继承发扬。每逢腊月，孙思邈都要分赠每户乡邻一包中

① 鳗鲡，鲻鱼的别称。
② ［唐］昝殷：《食医心鉴》，上海三联书店，1989年10月。
③ ［唐］段公路：《北户录》卷二，清十万卷楼丛书本。
④ ［唐］段公路：《北户录》卷二。
⑤ ［唐］韩愈：《初南食贻元十八协律》，《全唐诗》卷三百四十一。
⑥ ［唐］白居易：《二年三月五日斋毕开素当食偶吟赠妻弘农郡君》，《全唐诗》卷四百五十九。
⑦ ［唐］释寒山：《寒山诗》，四部丛刊景宋本。

药，让他们以药泡酒，除夕饮用，能预防瘟疫。

因屠苏酒的配方出自华佗，为张仲景、孙思邈、李时珍等诸多医药名家所弘扬，又被无数典籍收录转载，故深为世人所推重。千百年来，中国民间认为，饮此酒不仅能防治百病，甚至有降福赐吉的作用。

《齐民要术》记载："崔寔《四民月令》曰：'正旦各上椒酒于其家长，称觞举寿，欣欣如也。'"①正旦是农历正月初一，古人在这一天有饮用椒柏酒的旧俗，不少古籍认为此处的椒酒是指椒柏酒。崔寔是汉代知名的农学家，他眼中的椒是玉衡②星精，柏是仙药。椒柏酒是以川椒与侧柏叶所浸之酒，更是摄生良方，饮用这种酒应当循序渐进。③

唐人樊绰的《蛮书》中录有"蒙舍蛮以椒、姜、桂和（茶）烹而饮之"。④蒙舍蛮是定居在今天大理洱海地区的土著部落，他们瀹茗时所添加之物竟与人们平常炖肉所用的配料毫无二致。

大理人的饮食习俗总能让人瞠目结舌。大理人将生皮目为珍馐，生皮的概念却并不止于生猪皮，生猪肉、生猪腰、生猪肝、生牛羊肉等皆可称为生皮。莫非他们眼中的美馔当真鲜血淋漓，让食客们望而生畏？

大理生皮

---

① ［北魏］贾思勰：《齐民要术》卷第三。

② 北斗七星之第五星。

③ ［唐］杜甫：《杜工部草堂诗笺》之《草堂诗笺》卷三十五，古逸丛书覆宋麻沙本。

④ ［唐］樊绰：《蛮书》卷七，清武英殿聚珍版丛书本。

大理生皮最早起源于洱源县，是大理的一张传统美食名片，当地方言将这种吃法叫"海格儿"。生皮的选材与烹制皆相当考究，上等的生皮选取猪后腿肉里脊与腰脊为食材，用稻草或麦秸烧火烘烤，烤至表皮金黄后用热水洗净，再配以佐料生食。道地的生皮鲜美细嫩而不带丝毫腥膻之气，咀嚼起来劲道十足，口感酸而不恶、辣中生香，让人欲罢不能。这种生食的习俗，可能是对远古时代茹毛饮血的一种记忆。

第三章

好着毡衣喜胡食

（一）醉心于Cosplay的皇太子

古往今来，所有纨绔子弟都有一个亘古不变的共性，那就是吃喝玩乐进行到淋漓尽致！此处要介绍的是唐初一位擅长玩Cosplay的皇太子。他时常身着突厥服饰，操一口纯正的突厥语。然而，独乐乐不如众乐乐。太子从东宫挑选出一伙形貌近似突厥人的侍从，五人为一个部落，命他们头梳发辫，身着羊裘而牧羊。他还精心设计了一个游牧民族居住的穹庐，并且制作五狼头纛①与幡旗，自己则身处其内，敛羊炮烹，抽佩刀割肉大啖，俨然如一位豪气冲天的突厥可汗。②这位"突厥可汗"，便是唐太宗的长子李承乾。此处有必要先带大家了解一下突厥与突厥文化。

几经变迁，时至千余年后的今天，严格地说，已经不存在纯正血统的突厥人了。历史上的突厥汗国曾发生过分裂，分为东突厥与西突厥。唐代的突厥人，主要是指活动在今天蒙古高原③的人，即东突厥。还有一些是所谓的西突厥，大抵包括今天新疆以及远至中亚地区的一些人群。

现今这些范围内的居民，其中蒙古人与唐代的突厥人有着相当深厚的渊源，因此在饮食习俗方面，想来会有诸多相似之处。烤肉在蒙古人的饮食中，也是他们难以割舍的重要组成部分。如今风靡四海的韩国烧烤，据说是当年成吉思汗远征时带到朝鲜半岛的。此处就以爱吃烤肉的蒙古人为例，来体会一下大唐太子李承乾的突厥式烤肉。

道地的蒙古烤肉主要选用牛羊肉为食材，人们将全牛、全羊或者肉串以胡椒、花椒、辣椒、孜然、蒜粉、八角、料酒等十余种调料对上述肉类进行腌制处理，处理好后再放置在烤肉架上不停地翻转，使其受热均匀。

烤肉的程序并不复杂，但需要十足的耐心，在这个时间里可以静下心来慢慢地享受鲜血淋漓、腥膻浓重的生肉蜕变为外焦里嫩、香气四溢的熟肉的过程：噼里啪

---

① 古代军队里的大旗。

② ［宋］司马光：《资治通鉴》卷第一百九十六《唐纪》十二。

③ 主要指外蒙古地区。

啦的木炭声与烤肉的嗞嗞作响声一唱一和，明艳通红的炭火和烤肉上明晃晃的热油交相辉映。一滴滴热油顺着肉串上的纹路徐徐滑下，淌在灼热的木炭上，它们来不及发出"嗞"的一声，便早已幻化为一缕烟，一缕灰，继而随风消散，迎面而来的则是一阵阵扑鼻的肉香。

烤肉经过炭火的洗礼，本来就格外脂香醇厚，又有诸多辛香调料的增色，咀嚼之际更觉入味万分，嫩滑，焦酥，鲜咸，辛辣之感都在口中瞬间一齐迸发。这一刻，还有什么能比在此大汗淋漓地埋头大啖烤肉更加怡然自得呢？天下之口有同嗜，想必身为太子的承乾也难以拒绝如此美味的诱惑吧！

身为中原王朝的太子，偶尔举办胡地风情的宴会或者大嚼突厥烤肉似乎也无伤大雅。然而，太子还像个粗鄙无赖，喜欢僵卧在地上装死。

此事还得先从突厥丧仪说起。

根据史书记载，天葬习俗在早期突厥人的生活中颇为盛行。他们往往将尸首用马车装载后运往山中或高悬于树上，任其自然风化泯灭。原始突厥人生活在叶尼塞河上流地区，那里山高林密，这种丧葬习俗显然与他们当时所处的自然环境息息相关。[1]

后来，随着自然环境的变化，畜牧业逐渐在突厥人的社会经济中占据主导地位，人们的葬俗也开始有了相应的变化。突厥人死后，一般要在帐中停尸，亲人们纷纷宰杀牛羊陈于帐前祭祀。随后，大伙一边嚎啕恸哭，一边骑着马绕着帐外行走七圈，每行至帐门，则用刀具划自己的脸，顷刻血泪俱流，如此来回七次方算礼毕。这种简单粗暴的志哀方式同样出现在唐太宗驾崩之后。贞观二十三年[2]，太宗宾天后，"四夷之人入仕于朝及来朝贡者数百人，闻丧皆恸哭，剪发、劙面、割耳，流血洒地"。[3]

---

① 吴景山：《突厥人的丧葬习俗述论》，《西北民族研究》1991年第1期。

② 公元649年。

③ ［宋］司马光：《资治通鉴》卷第一百九十九《唐纪》十五。

突厥人奉行原始宗教信仰，他们对火、太阳等自然物有着无上的崇敬之情，因而火葬自然就成为他们主要的丧葬方式。突厥人择日对死者及其生前所用之物，特别是马匹进行焚烧，收集余灰后再择时下葬。春夏死者，候"草木黄落"之时下葬，秋冬死者，则待"华叶荣茂"之际入土。

下葬之日，人们会再次设祭表哀，依旧走马劙面，一如先前。贞观二十三年[①]八月，太宗入葬昭陵时，突厥王族阿史那社尔与铁勒族名将契苾何力甚至请求自杀为太宗殉葬。

突厥人下葬之后，还需在墓前设立石标以彰显死者生前的战功，杀一人，则立一块，以此类推。其后便是建造墓室，并在墓室墙壁上绘制壁画。壁画主题一般与死者的形貌及其生前的征战场面相关。《北史·突厥传》记载，突厥人"重兵死，耻病终"[②]。在他们心中，马革裹尸远胜于老死于病榻之上。凭借杀人多寡来树立石标以及墓室绘画的征战主题，这两点恰好也印证突厥好勇尚武的民族个性。

不过，以上丧葬习俗大多针对突厥贵族而言，贫民死后并无这些礼遇。

在突厥人的葬仪上，还有十分温情脉脉的一幕。下葬之日，青年男女皆盛装登场，男子若遇到心仪的姑娘，回家之后便可遣媒人到女方家求亲，这一习俗在汉族人眼中似乎颇为荒诞不经。不过，此俗的兴起是由突厥人从事流动、分散的畜牧业生产与生活方式所决定的。[③]在广袤的大草原上，想来葬礼是人们难得相聚的一次契机。

或许，承乾眼中的突厥丧仪格外值得玩味，竟使他沉溺其中。有一次，他对身边的侍从说："我试作可汗死，汝曹效其丧仪。"[④]意思是，我现在扮演死去的可汗，你们来模仿他们的习俗为我举行丧礼仪式。话音未落，他便直挺挺地躺在地上一动

---

① 公元649年。

② ［唐］李延寿：《北史》卷九十九《列传》第八十七，清乾隆武英殿刻本。

③ 吴景山：《突厥人的丧葬习俗述论》。

④ ［宋］司马光：《资治通鉴》卷第一百九十六《唐纪》十二。

不动，大伙在"尸体"周围一面放声大哭，一面还骑着马儿环绕在其周围徘徊。良久，地上那个"死尸"猛然地一跃而起，周遭的"突厥人"吓得四下乱窜，承乾居然以这种突厥式的"死尸舞宴"为乐。

二、大唐权贵也崇洋媚外

一位中原王朝的太子，怎么会如此垂青胡地文化呢？

自公元552年突厥攻破柔然，阿史那土门正式称汗建国，一直到公元745年白眉可汗被回纥军队击杀而败亡，在前后历时将近200年的岁月里，整个蒙古高原基本处于突厥人的控制之下。因而，突厥文化自然也多多少少对其控制下的各个民族造成一些影响。例如，后来称霸漠北的回纥，在相当长的一段历史时期内仍沿用突厥的语言与文字；后来攻灭回鹘汗国的黠戛斯人曾是突厥的下属部落之一，也是操着突厥语族的铁勒方言。再从文化圈上看，从6世纪中叶突厥兴起之后，一直到10世纪这300多年内，中国北方除了东北等极个别地方之外，基本都处于突厥族或讲突厥语的一些民族的文化覆盖之下。[①] 因而，胡地文化对大唐文化的渗透不言而喻。

李唐皇族兴起于北方，皇室血统中掺杂着不少胡人的成分，正因为"塞外野蛮精悍之血，注入中原文化颓废之躯"，才造就了如此空前繁盛的局面。甚至还有人认为，唐"源流于夷狄"。承乾对突厥文化的如痴如醉，这也许与其体内流淌着胡人的鲜血有关。

上述原因可解释承乾爱好胡风的必然性，不过他的怪诞行径也有其偶然性，这个偶然性得先从唐时各种玩乐活动开始说起。

唐代各色游乐项目中，狩猎与打马球最受贵族子弟们的青睐。

在古代，男子们呼鹰带犬前去狩猎并不是什么稀罕事。然而，唐人狩猎时还会带上若干只来自西亚的猛兽——猎豹。

---

① 吴景山：《突厥人的丧葬习俗述论》。

唐代彩绘陶骑马带豹狩猎胡俑

陕西省西安市东郊金乡县主墓出土

西安博物院藏

猎手与猎豹

唐代章怀太子墓室壁画

《马球图》

章怀太子墓室壁画

唐代打马球俑

新疆阿斯塔纳墓出土

　　早在北齐时期，中原可能已经有域外猎豹的踪影了。元代官员郝经为隋代画家展子虔所绘的《北齐后主幸晋阳宫图》题诗，诗中有"马后猎豹金琅珰，最前海青侧翅望"这样的句子。所以，荣新江先生据此猜测，猎豹大概在北齐时期就已经传入中原地区。

　　猎豹的踪影还时常出现在唐代的墓葬壁画与出土陶俑上。

　　西安东郊的唐代金乡县主墓出土了一件陶俑，这件陶俑将骑马男子身后的那只猎豹刻画得惟妙惟肖。金乡县主是滕王李元婴之女，她与承乾一样，同为高祖李渊的孙辈。这件陶俑透露，唐初贵族子弟时常纵马驰骋在山野之间，又有凶猛的猎豹相随于鞍前马后，生活得这般俊逸洒脱！

大唐贵族子弟最喜爱的另一项娱乐活动非马球莫属。马球在史籍中被称为"击鞠"、"击毬"，以及"打毬"等，是骑在马背上用长柄球槌拍击木球的一种体育形式。有人统计，唐朝有11位皇帝热衷于打马球，无论是唐初治世之下的太宗，还是身逢末世的僖宗，都深爱这项运动。据《资治通鉴》载，太宗甚至焚球以求自律。

生活如此多姿多彩，但承乾却无缘消受，因为他患有足疾。

承乾不良于行，小伙伴们驰骋球场、逐兽山林的身影自然令其无比艳羡。虽然身为一人之下、万人之上的太子，可谓志得意满，却唯独在这些方面未能随心所愿，一腔怨恨无处排遣，想来只有聚宴狂欢聊以自慰吧！于是，大啖突厥烤肉、假扮死人也就成为在承乾眼中勉强值得消遣的娱乐项目了。

不过话虽如此，如此游戏人间的太子如何君临天下呢？英伟睿智的太宗皇帝怎么会选择这样一个皇子作为继承大统的人选呢？

三、从"颇识大体"到青春叛逆

唐高祖武德年间[①]，长安城太极宫承乾殿内一阵洪亮的婴儿啼哭声响彻云霄，可喜可贺，年轻的李唐王朝又新添了一名男丁。

该给爱妻所生的第一位男婴取个什么好名字呢？这时，大概是这位男娃的父亲——二皇子李世民，说出了掷地有声的一句话，既然生于承乾殿，那么就叫他承乾吧！

"承乾"二字虽为宫室之名，然而用作人名时却饱含着无比深意。"乾"为八卦的首卦，代表天。"承乾"这个名字，显然寄予着李唐王朝对这位男婴的无限厚望。

武德三年[②]，承乾被封为恒山王，武德七年[③]，又改封为中山王。太宗即位后，8

---

① 公元618—626年。

② 公元620年。

③ 公元624年。

岁的承乾也自然而然成功地"晋级"为太子。[①]

承乾自幼有着极高的治国禀赋，史书赞其"性聪敏"，"颇识大体"，[②]因而深受太宗的喜爱。太宗也在有意地培养这位未来的接班人，他居丧期间，国家的一切政务皆由太子审查决断。当然，太子的表现也让父皇深感欣慰。自此以后，每当太宗出行，都由太子留守皇宫以代理监临国事。

如此看来，承乾不失为一位合格的皇位继承人，太宗也并非有眼无珠之辈，但开篇所提到的种种狂悖行止又是从何说起呢？且听我细细道来。

渐渐地，承乾长大了，似乎开始步入青春期的逆反阶段，皇二代的劣根性在他身上逐渐显露出来：纵情于声色，浪荡遨游无度，还经常与倡优娈童为伍。然而，面对虬髯如戟的父皇，他心中颇存畏惧之感，生恐父皇会察觉自己诸多的荒诞行径。所以，每次临朝论政，承乾总要在大庭广众之下大谈忠孝之道。然而，一退朝他便摘下自己的面具，宴集闹饮、聚众淫乐、无所不为。遇到试图进谏的大臣，承乾必定会事先揣度其意，随后正襟危坐，一脸严肃地开始引咎自责，对于大臣们的诘难，他总能应答如流。最后，反倒是进谏的大臣们被他问得哑口无言，跪在地上"拜答不暇"。[③]所以，当时的舆论对太子十分有利，朝臣大多觉得他是一位贤达的储君。

父子之间相安无事，但好景不长，后来两人竟因一位俊美的少年而心生嫌隙，难道说父子两人在争风吃醋吗？

原来，承乾分外倾心于身边的一位太常[④]寺乐人，这位乐人风流儒雅，能歌善舞，擅于投人所好，因而承乾对他大加宠幸，并赐号曰"称心"。太宗得知太子有龙阳之好后勃然大怒，即刻逮捕称心并将其杀死，受称心株连而死的还有好几人。

承乾怀疑此事是四弟李泰揭发，于是他痛悼称心之余，又对四弟与父皇怨恨

---

① ［五代］刘昫：《旧唐书》卷七十六《列传》第二十六《太宗诸子》，清乾隆武英殿刻本。

② ［五代］刘昫：《旧唐书》卷七十六《列传》第二十六《太宗诸子》。

③ ［五代］刘昫：《旧唐书》卷七十六《列传》第二十六《太宗诸子》。

④ 职官名。掌理宗庙礼仪。秦代置奉常，汉代更名为太常，历代沿用。

不已。他在宫中专门布置一间房子用于祭奠称心，在其遗像前，陈列人偶与车马等物，并命宫人每日早晚奠祭。承乾也时常来此悼念，在屋内踌躇徘徊，痛哭流涕，还于宫苑内建造坟冢来埋葬称心的尸首，甚至立碑、赠官，一再表达追思之情。面对从前敬畏的父皇，承乾第一次公然表现出自己的对抗情绪，此后竟连续数月都称病不出，以逃避朝参。①

这段日子，承乾在自己的寝宫"越玩越勇"，过着醉生梦死的生活。他发动阖宫上下的奴仆专门习练伎乐，模仿胡人的发式，剪裁布帛以缝制舞衣，"寻橦跳剑，昼夜不绝，鼓角之声，日闻于外"。②东宫日日有舞会，夜夜有欢场，此处已然成为太子的纵情享乐之所。

太子与汉王元昌相交甚密，此人为太宗的同父异母弟，是太子的小叔叔。两人虽为叔侄，但恰为同年，所以经常在一起聚宴狂欢、恣意嬉戏，是一对名副其实的狐朋狗友。他们将身边的奴仆分为左右二队，太子与元昌各自统领一队。"战士们"身披毡甲，手操竹槊进行布阵，各就各位后，太子蓦地大呼一声："交战！"两队人马"击刺流血，以为娱乐"③。有不尽全力拼杀者，竟被太子暴打至死。太子还洋洋自得地宣称："使我今日作天子，明日于苑中置万人营，与汉王分，将观其战斗，岂不乐哉！"又说："我为天子，极情纵欲，有谏者，辄杀之，不过杀数百人，众自定矣！"④身为储君，荒唐至此，听不得忠言逆耳，又视人命如草芥，大唐江山若到此人之手，岂不是要走短命隋朝的老路？

四、望子成龙

当时，左庶子于志宁与右庶子孔颖达受诏辅导太子。针对承乾的所作所为，于

① ［五代］刘昫：《旧唐书》卷七十六《列传》第二十六《太宗诸子》。
② ［五代］刘昫：《旧唐书》卷七十六《列传》第二十六《太宗诸子》。
③ ［宋］司马光：《资治通鉴》卷第一百九十六《唐纪》十二。
④ ［宋］司马光：《资治通鉴》卷第一百九十六《唐纪》十二。

志宁撰写《谏苑》二十卷进行讽谏，孔颖达又时时在旁规劝。太宗知悉后，分别赐予二人"帛百匹，黄金十斤"[1]以资鼓励。但遗憾的是，浪子始终不愿回头。

太宗为培养这位储君，真可谓是煞费苦心。

在婚姻生活方面，太宗为承乾挑选了秘书臣苏亶的长女为太子妃。《册苏亶女为皇太子妃诏》言及，苏氏"柔顺表质，幽闲成性，训彰图史，誉流邦国"，又"门袭轩冕，家传义方"。总之，太宗相中的女子，大概总有着文德皇后的气质，温柔贤淑自不待言。

在提高太子治国能力方面，太宗更是不遗余力。

贞观四年[2]，也就是承乾12岁那年，太宗颁布了一道诏令——《令皇太子承乾听诉讼诏》。诏书中提到，诉讼案件中，如果有不服尚书省判决者，可以向东宫上诉，由承乾决断。若经承乾处置之后仍有异议，可再奏明皇帝。[3]

此外，太宗还授予承乾军政大权，如《命皇太子权知军国事诏》。在吃穿用度方面，刚毅廉直的褚遂良提出四皇子李泰的标准已经超过太子，于是太宗索性取消东宫所用库物的限制，《皇太子用库物勿限制诏》即为证，这点将在下文进行详述。

贞观十六年，太宗在朝堂上发问："当今国家，何事最急？请各位爱卿谈谈你们的看法？"有人说，"养百姓急"；又有人说，"抚四夷急"；还有人说，"传称道之以德，齐之以礼义为急"。太宗频频摇头，这时，谏议大夫褚遂良说："太子诸王须有定分，陛下宜为万代法以遗子孙，此最当今日之急。"[4]也就是说，继承人方面的问题迫在眉睫，远比养百姓、抚四夷等事务急迫。

太宗连连称是，说道："朕年近五十，近来时常感到力不从心。如今太子已立，太子诸弟加上王室其他子侄，总共将近四十人，我常忧心于此。但自古人品好坏或

---

① ［五代］刘昫：《旧唐书》卷七十六《列传》第二十六《太宗诸子》。

② 公元630年

③ ［宋］王钦若：《册府元龟》卷二百五十九，明刻初印本。

④ ［唐］吴兢：《贞观政要》卷第四，四部丛刊续编景明成化刻本。

能力强弱与嫡庶无关，无论嫡庶，都有可能倾家败国。还请各位爱卿为朕寻访贤能之士以辅佐储君。"①

贞观十七年②三月，左屯卫中郎将李安俨上表称："皇太子及诸王，陛下处置得不甚妥当。太子为国之根本，还望陛下深思远虑，以安天下之情。"③太宗回复说："我明白爱卿的意思，我儿虽患足疾，仍然是嫡长子，岂能舍嫡立庶？"

也就是说，直到贞观十七年④四月纥干承基告发太子谋反之前，即使这位太子腿脚不便，奢靡无度，玩世不恭，甚至密谋刺杀向自己"切谏"的于志宁与张玄素，太宗也始终不曾动过废黜太子的念头。

既然承乾的太子地位不可撼动，他为何还要冒天下之大不韪呢？

五、同根相煎

太宗有十四子，分别由十位母亲所生。其中，长子承乾，四子李泰，九子李治皆为嫡出，即文德皇后所生。在古代宗法制度下，三人都极有可能被立为太子。当然，最有可能继位的，还是嫡长子承乾。当世人都理所应当地认为大唐皇位必将属于这个文德皇后所出的嫡长子时，有人却跃跃欲试，企图向这个理所应当的现实发出挑战檄文，那个人便是与李承乾一母所出的弟弟——李泰。对于太子的宝座，四子李泰垂涎已久，史书称其"潜有夺嫡之意"⑤。他有意暗结朝臣，已经形成一个十分强大的朋党关系。

在太宗看来，这三个儿子当中，四子李泰最有书卷气质，太宗还特令人在李泰

---

① ［唐］吴兢：《贞观政要》卷第四。

② 公元643年

③ ［宋］王溥：《唐会要》卷四，清武英殿聚珍版丛书本。

④ 公元643年

⑤ ［五代］刘昫：《旧唐书》卷七十六《列传》第二十六《太宗诸子》。

的王府中设立文学馆，任由李泰自己挑选学士。贞观十四年①，太宗驾临李泰王府所在的延康坊。当时，文学馆的诸位学士在泰的组织下正在撰写《括地志》，太宗视察之后对泰褒奖不已，特别下令：赦免雍州②及长安一带犯死罪以下的犯人；免除延康坊百姓一年的赋税；奖励李泰府中的各位学士。

李泰是个大腹便便的胖子，考虑到他腰腹洪大，趋拜困难，太宗特别恩准他可以乘坐小舆上朝。

贞观十五年③，李泰主编的《括地志》终于完工。太宗龙颜大悦，对他大加赏赐，以至于李泰王府的生活用度规格已经超过东宫。对此，虽然有大臣向太宗谏言："太子诸王，须有定分。"事后，太宗也接纳了这个忠告，并颁布《皇太子用库物勿限制诏》。但是，这份诏令始终无法消除太子心中的不安。因为父皇又让李泰入居武德殿④，虽说魏征对此也曾向太宗进言，太宗也表示赞同。然而，承乾总觉得自己的太子之位岌岌可危。

因此，他变得惶惶不可终日。他暗地里蓄养刺客纥干承基等人以及一百多名勇士，欲图刺杀魏王李泰，却并未得手。一计不成，又生一计。承乾又授意自己的心腹谎称李泰的人前往玄武门，试图为李泰谋大计。太宗何许人，怎么会被此等伎俩忽悠呢？最后，此事又不了了之。

六、再炮制一场"玄武门兵变"给亲爹尝尝

无情最是帝王家。当承乾发现自己使出浑身解数都不能置李泰于死地的时候，他开始铤而走险，竟然学起了父皇，打算谋划一场政变，这样就可以提早将自己推上皇位，此后就可高枕无忧了。

---

① 公元640年。

② 李泰担任过雍州牧。

③ 公元641年。

④ 太极宫宫殿名，与东宫邻近。

讲述太子谋反之前，先来认识一位唐代名将，那就是位列凌烟阁二十四功臣之一的侯君集。

侯君集早年跟随太宗南征北战，立下赫赫战功。后来，他与尉迟恭力劝太宗发动玄武门事变。贞观年间[1]，侯君集随李靖讨伐突厥，后又领大军灭高昌国。他功勋卓著，却因讨灭高昌时私取宝物而锒铛入狱，出狱后依旧心存嫌隙。

贞观年间[2]，侯君集担任吏部尚书，其女婿贺兰楚石为东宫千牛[3]。太子知道侯君集心中尚存怨愤，欲借机拉拢，便让贺兰楚石将侯引入东宫，"问以自安之术"[4]。侯君集十分清楚太子的为人，于是趁机鼓动他谋反。一番话毕，侯君集举起他的双手对太子说："此好手当为殿下用之。"[5]另外，他又提醒太子，魏王是一大祸害，须及早防备云云，太子深以为然，对他愈加拉拢。

太子又安插李安俨在太宗身边作为眼线，以时时刺探太宗的心思。李安俨原先是隐太子李建成的亲信，李建成事败以后，李安俨依然为其进行殊死搏斗，太宗觉得如此忠心之士难能可贵，便把他留了身边。

汉王元昌也极力怂恿太子谋反。他时常干一些违法的勾当，为此，太宗曾多次加以谴责，因而他心中颇有怨言。这位小叔叔还引诱太子说："我看到陛下身边有一位擅长弹奏琵琶的美人，事成之后，她就可以名正言顺地到太子身边来服侍了。"

此外，城阳公主[6]的驸马杜荷，洋州刺史、开化公赵节等人也是太子的亲信，他们也蓄意协助太子谋反。

起事之前，凡同谋者皆歃血为盟，立誓将同生共死，尔后就神不知鬼不觉地引

---

① 公元627—649年。

② 公元627—649年。

③ 职官名。为宫殿君王的护卫，多由贵族子弟担任。

④ ［宋］司马光：《资治通鉴》卷第一百九十七《唐纪》十三。

⑤ ［宋］司马光：《资治通鉴》卷第一百九十七《唐纪》十三。

⑥ 唐太宗与长孙皇后所生之女。

兵入宫。

妹夫杜荷对太子说："天文有变，当速发以应之，殿下但称暴疾危笃，主上必亲临视，因兹可以得志。"①他让太子佯装罹患急症，命在垂危，想必皇帝会亲自前来探望，如此便可以得逞了。你道杜荷是谁？竟是大名鼎鼎的贞观名相杜如晦之子。可叹杜如晦一世贤良，却生了杜荷这么一个大逆不道的儿子。不过，杜如晦并未亲身经历这个逆子的造反之事，因为早在贞观四年②，他就已经病逝了。

未几，太子听闻齐王祐反于齐州，便眉飞色舞地对纥干承基等人说道："东宫西墙距离大内只有二十步呢！我们谋划大事，岂是齐王所能企及的！"

齐王李祐谋反失败，治罪的时候牵连到纥干承基。不久，纥干承基被捕入狱，按律当诛。他走投无路，便将太子谋反一事捅了出来，时值贞观十七年③四月。

案发后，太宗立即命长孙无忌、房玄龄、萧瑀、李世勣等人，与大理寺、中书省、门下省组成了临时审判小组受理此案，最后得出：太子确系谋反无疑。

太宗得知此事之后几欲寻死，幸而他手中的宝剑被长孙无忌及时抢去。太宗在朝堂上问侍臣们将如何处置承乾，群臣皆低头不敢言语。这时，通事舍人来济进谏曰："陛下不失为慈父，太子得尽天年，则善矣！"④皇帝采纳了这个建议，于贞观十七年⑤四月六日下了一份《废皇太子承乾为庶人诏》。承乾算是捡回一条小命，尔后，他便灰溜溜踏上了漫漫的黔州⑥之路。⑦

东宫谋反一案中，太子一干人等赐死的赐死，流放的流放，被贬的被贬，唯独屡次向太子进谏良言的于志宁未曾获罪，反而受到太宗的勉励。此外，纥干承基因

---

① ［宋］司马光：《资治通鉴》卷第一百九十七《唐纪》十三。

② 公元630年。

③ 公元643年

④ ［宋］司马光：《资治通鉴》卷第一百九十七《唐纪》十三。

⑤ 公元643年

⑥ 治所在今彭水。

⑦ ［宋］王溥：《唐会要》卷四。

告发有功而加官进爵，后来，他官至祐川府折冲都尉，封平棘县公。

七、你是太子的最佳人选吗？

"朕百年之后，这万里江山到底交与谁呢？"这几乎是历朝历代天子必须面临的一大抉择。雄才伟略、英明果敢的唐太宗也遇到了这个世界上最难的选择题。

承乾获罪之后，李泰每日入内侍奉父皇，极尽阿谀奉承之能。他滚入太宗怀中，撒娇道："臣今日始得为陛下子，乃更生之日也。臣有一子，臣死之日，当为陛下杀之，传位晋王。"[1] 为了皇位，李泰竟可以卑劣至此，此时的太宗似乎也被李泰灌了迷魂汤，竟答应由他来继承大统。

既然承乾谋反，李泰又深得帝心，且太宗又曾经面许将太子之位传于他，那大唐的江山为何又到了懦弱无能的李治手中呢？

此处有两大关键人物：太宗倚界甚殷的长孙无忌与褚遂良。

作为凌烟阁首位功臣的长孙无忌，也就是李泰的亲舅舅，他洞悉太宗的意图之后，仍固持己见，力挺晋王李治。

对此，刚毅耿直的谏议大夫褚遂良也发话了："希望陛下仔细思考一下，即使在您百年之后，魏王坐拥天下，他岂肯杀其爱子而传位给晋王？陛下之前立承乾为太子，后来又过度宠爱魏王，在某些方面甚至超过了承乾，所以才酿成今日之祸，前事不远，足以为鉴。陛下如今打算立魏王为储君，还望您先想出一个万全之策以保全晋王。"

太宗听后潸然泪下，想到太子案发，元昌被赐自尽后，李治整日忧心忡忡，在太宗追问之下，他才吐露真相。原来，李泰唯恐太宗立晋王为太子，就故意编造出一番说辞来恫吓他。泰扬言："你与元昌向来交好，如今元昌败北，难道你不曾担忧吗？"想到这点，太宗怵然变色，开始后悔许诺立泰之言。

---

[1] ［宋］司马光：《资治通鉴》卷第一百九十七《唐纪》十三。

承乾被捕之时，太宗当面对其大加斥责。这时，承乾道出了一番令人深省的言语：“臣既然贵为太子，还有何所求呢？但太子之位一直为李泰所觊觎，故而臣便与朝臣一起谋求自安之道。谁料‘不逞之人’又向臣进谗言，于是便做出此等不轨之事。如今若立泰为太子，正是中了他的圈套。”

毫无疑问，李泰与承乾二人势同水火，互不相容。基于“泰立，承乾、晋王皆不存；晋王立，泰共承乾可无恙”[1]的考虑，太宗终于开始垂青平平无奇的李治。诸皇子中，晋王李治最为恭顺，他若是做了皇帝，必定会善待其他兄弟。太宗主意已定，后又假意将“立何人为储君”的难题抛给群臣，结果依然是立晋王李治的呼声最高。所以，大唐的皇位就这样到了九皇子李治的手中。太宗的选择，无非是从一个慈父的角度来考虑的，而不是基于一个帝王视角所做出的明智抉择。

前文提及，太宗有14个儿子，其余的皇子难道都一无是处吗？

在各位皇子中，三皇子李恪德才兼备、文韬武略，素来声望甚高，太宗也时常称李恪身上有自己的影子。然而，在“立嫡以长不以贤，立子以贵不以长”为宗旨的嫡长子继承制下，皇位之于李恪，自出娘胎那一刻起，便是可望而不可即的所在。即便如此，李恪依然深为长孙无忌所忌惮。李治即位之后，李恪因房遗爱谋反之事而被长孙无忌诬陷致死，天下人都为其鸣冤。为何长孙无忌下手如此狠毒呢？

要想回答这个问题，还得从李恪的出身说起。李恪的生母为隋炀帝之女，也就是说，李恪的身上流淌着隋炀帝的鲜血。作为大唐江山的忠实捍卫者，怎能容忍自己外甥身边留下这么一颗潜在的定时炸弹呢？长孙无忌真是为大唐江山鞠躬尽瘁死而后已。不过，历史总是极具讽刺性，长孙无忌最后落得个自缢而死的下场，而他自尽的时间，正是在高宗李治的统治时期，这大概也是一种命运的嘲弄吧！

---

[1] ［五代］刘昫:《旧唐书》卷七十六《列传》第二十六《太宗诸子》。

八、千古一帝不为人知的悲哀

唐太宗原本是习武之人，身体向来健朗。至晚年，尤其是经历生离死别、亲人反目等诸多不幸之后，再加对外征战中不慎负伤，他的身体每况愈下，后竟迷恋上丹药。唐贞观二十二年[①]，太宗令方士那罗迩娑婆造延年之药[②]。那罗迩娑婆何许人也?

原来，大臣王玄策在对外作战中，俘获一名印度和尚，这位阿三就是那罗迩娑婆。他吹嘘自己已有200岁的高龄，精通长生之术，服食他所炼制的丹药可得永生，甚至白日飞升。太宗早年不信丹药长生之说，不过这次竟怦然心动，命其炼制长生不老药，饵后不久便中了毒，危在旦夕。

贞观二十三年[③]，环抱在苍松翠柏间的翠微宫依旧暑气氤氲。此时，含风殿内唐太宗的病榻前，一对年轻的夫妇正跪在一旁隐隐啜泣。

彼时的太宗已病入膏肓，他清楚地知道自己大限将至，于是召来股肱重臣——长孙无忌和褚遂良。太宗牢牢地攥着他们的手，同时又凝视着病榻前哭泣的李治夫妇，他吃力地从口中挤出几句话："我好儿好妇，今将付卿。两位爱卿知道，太子是仁孝之人，还望两位尽心辅佐他。"随后，太宗对李治说道："有无忌、遂良在，汝勿忧天下。"他又跟褚遂良托付道："无忌尽忠于我，我有天下，多其力也，我死，勿令谗人间之。"最后，仍令遂良草拟遗诏。[④]

一切交代妥当之后，太宗无力地闭上双眼，开始寻思过往:

他这一生铭心镂骨的女子——文德皇后长孙氏，早在十几年前便撒手人寰了，此后，贤德如文德皇后的女子，终难再遇。所以，文德皇后薨逝之后，太宗再未立后。

他与文德皇后留下的骨血:长子承乾、四子泰、九子治、丽质、城阳、明达、

---

① 公元648年。

② ［五代］刘昫:《旧唐书》卷三《本纪》第三。

③ 公元649年。

④ ［五代］刘昫:《旧唐书》卷八十《列传》第三十。[宋]司马光:《资治通鉴》卷第一百九十九《唐纪》十五。

新城。他们夭折的夭折，流放的流放，守寡的守寡……如今一切安好的，唯有跪在眼前饮泣的第九子李治和后来的新城公主。

李泰，如今已被太宗下令徙居千里之遥的均州郧乡县。

太宗"特所钟爱"的嫡长女长乐公主李丽质，已于贞观十七年[①]八月香消玉殒了，死时才20岁出头。面对爱女的离世，太宗悲痛万分。

"友爱殊厚"的城阳公主一直体弱多病，虽然嫁得如意郎君，但是驸马杜荷却因承乾一案而伏诛，公主婚后不久便成了寡妇。后来，唐太宗又为她选择了出身河东薛氏的薛瓘作为夫婿，婚后生活也算美满。公主生有三子，长子薛颢，次子薛绪，幼子薛绍，其中薛绍后来成为武则天爱女太平公主的驸马。

李明达，即晋阳公主——自小与晋王治一起被太宗带在身边亲自抚养的掌上明珠，她温柔娴雅如文德皇后。每逢上朝，公主总要送父亲至虔化门，父女感情至深。不料，晋阳公主却在其十二岁那年不幸早夭。爱女去世之后，太宗整整一个月不思饮食，每日总要流泪数十次。面对群臣的进谏劝慰，太宗喃喃自语道："朕渠不知悲爱无益？而不能已，我亦不知其所以然。"[②]意思是说，你们说的这些道理我都懂，人死不能复生，但我就是难以自已，我也不知为何会如此。

诸多子女当中，太宗倾注心血最多的当数废太子承乾，而自己的一片痴心，换来的却是承乾的不忠不孝，甚至刀剑相向。离开长安后不到八个月，承乾就在他乡郁郁而终了。万念俱灰的他死在一个寒冬腊月里，适逢春节前夕。太宗为之废朝，葬以国公之礼。不过，关于承乾去世的时间，史籍与墓志的记载有所出入。不过，这又有何足轻重呢？从流放的那一天起，他在精神上就已经宣告了死亡。

太宗留有一首《秋日即目》，全诗充盈着离愁别恨、萧条落寞之感。该诗创作时间不详，有人认为此篇作于承乾客死他乡之后的日子里，全篇如下：

---

① 公元643年

② ［宋］欧阳修：《新唐书》卷八十三《列传》第八《诸公主》。

爽气浮丹阙，秋光澹紫宫。衣碎荷疏影，花明菊点丛。

袍轻低草露，盖侧舞松风。散岫飘云叶，迷路飞烟鸿。

砌冷兰凋佩，闺寒树陨桐。别鹤栖琴里，离猿啼峡中。

落野飞星箭，弦虚半月弓。芳菲夕雾起，暮色满房栊。

眼下大约是承乾去世的第六个年头了，可叹的是，他的尸骨仍然流落在外。

回忆往昔，从不轻易落泪的太宗皇帝不禁老泪纵横，抛下一声沉沉的叹息，溘然长逝了。

或许是因为之前遭遇了诸多人生变故，才使太宗不忍再伤害到任何一个子女。所以，直到承乾起事之前，太宗始终未曾下定决心要将其废黜。这一点，想必承乾做梦也没有想到过。天下之事，无不有其原因。自古弱能敌强，柔能克刚，谦卑胆怯、恭顺软弱的晋王李治继承了这个辉映千古的大唐江山，而心浮气躁、性情乖戾、放荡不羁的承乾最终与帝王之位失之交臂。性格即命运，谁说不是呢？

食之篇

第一章

稻米流脂粟米白

一、香闻玉斧餐

（一）在植物界，一场"性侵"意味着什么？

江苏常熟有一个古里镇，这个古里古怪的名字其实源自菰这种水生植物。唐时，此地地势低洼，水网密布，尤其适宜菰的生长，遂名菰里。① 清代郑光祖的《一斑录》记载，道光十三年② 春，里中设粥赈饥。邑尊张公绶于此地的一庵中留下一份墨宝——一个书有"古里仁风"的四字匾额，村人喜出望外道："我等出赀财济贫，却又买去一字，不两得乎？"③ 于是，该村方易名为"古里"。

菰，古作"苽"，别名雕胡、茭白，因其霜秋时节结实乃凋而谓之"凋菰"，后讹传为"雕胡"。菰栖身于水泽岸畔，其果实形似米，故有菰米、雕胡米等多种称谓。菰米为古代"六谷"之一，距今已有3000多年历史。六谷即稻、黍、稷、粱、麦和菰。早在先秦时期，就有"凡王之馈，食用六谷"④ 之说，透露出彼时的菰米曾作供御之用。

至唐代，"菰米"、"菰饭"、"雕胡"等字眼在唐诗中频频现身："松江蟹舍主人欢，菰饭莼羹亦共餐"⑤；"菰米苹花似故乡"⑥；"请君留上客，容妾荐雕胡"⑦……珍贵的雕胡饭往往被唐人目为待客上品。

昔年，李白夜宿安徽铜陵五松下的一户荀姓老妪的家中，就曾受到雕胡饭的款待。秋风萧瑟的凉夜，身处异乡的诗人倍感孤寂。耳畔传来邻家女深沉的舂米声，似乎阵阵敲击在他的心头。淳朴的荀媪为异乡的贵客奉上满满一盘新鲜出锅的雕胡

---

① 王鸣江：《饮啄杂谭》，北京工业大学出版社，2015年8月。

② 公元1833年

③ ［清］郑光祖：《一斑录》之《杂述》一，清道舟车所至丛书本。

④ 《周礼·天官·膳夫》。

⑤ ［唐］张志和：《渔父歌》，《全唐诗》卷二十九。

⑥ ［唐］沈韬文：《游西湖》，《全唐诗》卷七百六十三。

⑦ ［唐］陆龟蒙：《大堤》，《全唐诗》卷六百二十七。

饭，此时月华浓重，一片银光洒在素色的瓷盘上。
李白感激涕零，于是赋诗一首：

> 我宿五松下，寂寥无所欢。
> 田家秋作苦，邻女夜舂寒。
> 跪进雕胡饭，月光明素盘。
> 令人惭漂母，三谢不能餐。①

天下之口有同嗜。李白的挚友，诗圣杜甫
对雕胡饭亦偏爱有加。"滑忆雕胡饭，香闻锦带
羹。"②柔滑馨香的雕胡饭，让人回味不尽。

雕胡饭的美味也被诗人王维大书特书："郧国
稻苗秀，楚人菰米肥"③，一个"肥"字，点出了雕
胡饭丰美的质感；"蔗浆菰米饭，蒟酱露葵羹"④，
一日途径贺员外家，忽闻院墙外菰香四溢，因为
有他钟爱的菰饭飘香，如此寻常之事便被他记录
在了诗中；"琥珀酒兮雕胡饭"⑤，王摩诘将珍贵的
琥珀酒与雕胡饭相提并论，足见其档次之高。

唐代舂米俑
新疆阿斯塔纳墓出土
详见吐鲁番博物馆编：
《吐鲁番博物馆》，第95页

今天随处可见的蔬菜茭白怎么会被古人当成谷物利用呢？而这种谷物又去了哪
里呢？

原来，早期的菰长势较佳，但后因"菰黑穗菌"的寄生而导致畸形，有人视

① ［唐］李白：《宿五松山下荀媪家》，《全唐诗》卷一百八十一。
② ［唐］杜甫：《江阁卧病走笔寄呈崔卢两侍御》。［清］卢元昌：《杜诗阐》卷三十二，清康熙二十一年（公元1682年）刻本。
③ ［唐］王维：《送友人南归》，《王右丞集笺注》卷八《近体诗三十三首》，清文渊阁四库全书本。
④ ［唐］王维：《春过贺遂员外药园》，《全唐诗》卷一百二十七。
⑤ ［唐］王维：《登楼歌》，《全唐诗》卷一百二十五。

之为植物界的一场"性侵"惨剧。畸形后的菰不再开花结实，作为谷物的菰米开始渐渐淡出人们的餐桌，而当成蔬菜利用，时蔬茭白是菰这种植物遗留给世人的唯一一份馈赠。据传，菰米的式微始于宋代。菰米在我国的失传，不得不令食客们扼腕叹息。据中国科学技术大学研究植物考古的程至杰先生介绍，江苏沭阳的万北遗址曾有古代菰米的出土。

菰米的庐山真面目究竟如何？《本草纲目》记载："雕胡，九月抽茎，开花如苇芳。结实长寸许，霜后采之，大如茅针，皮黑褐色。其米甚白而滑腻，作饭香脆。"[①]字里行间透露出，菰米形似黑褐色的茅针，内呈白色。用菰米煮饭，滑腻中不失爽脆，有着悠远绵长的清香。

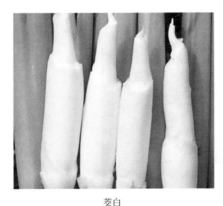

菱白

菰米

（二）敬宗最爱的清风饭如何烹调？

前文提及，菰米饭曾作为周天子的口粮，那大唐天子的伙食呢？唐敬宗时期，清风饭一度成为唐宫中的新宠。宋代陶穀的《清异录》记载：

宝历元年[②]，内出清风饭制度，赐令造进。法用水晶饭、龙睛粉、龙脑末、牛酪

---

① [明]李时珍：《本草纲目》卷二十三。

② 公元825年。

浆，调事毕，入金提缸，垂下冰池，待其冷透供进，惟大暑方作。[①]

宝历是唐敬宗李湛的年号，宝历元年即公元825年。在这一年，大唐禁中定下清风饭制度。其法如下：将水晶饭、龙睛粉、龙脑末和牛奶一起调制完成后，放入冰池中的金提缸内，待冷却后取出，敬献给尊贵的宫廷食客。

何为水晶饭？主流观点认为是糯米饭，本文也持此说。自古以来，笔者故乡温岭的人们在大年初一早上食用"炒炊饭"，年初二则为"汤年糕"，年年如此，天经地义。炒炊饭、汤年糕寄寓着乡亲们的共同愿景，那就是生活蒸蒸日上，事业年年高升。炒炊饭的关键一步是浸米，将浸泡一夜的糯米捞出后，入锅隔水蒸，谓之"炊饭"。当地人把蒸这种烹饪方式称为"炊"。炊好的糯米饭，米粒挺然翘然、晶莹剔透，以水晶称之也未尝不可。至于炒炊饭，则还要多出好几道繁琐的工序。不过，用浸软的糯米直接入锅炒至熟透，更是别有一番滋味。

炒炊饭[②]

2017年5月作者自摄于温岭

那龙睛粉又为何物？有观点认为龙睛粉是琼脂。当时确有琼脂这一名称，东晋的《拾遗记》载："东极之东，有琼脂粟，言质白如玉，柔滑如膏，食之尽寿不病。"[③] 从此处的描述来看，琼脂似乎是一种传说中的仙丹妙药，食后可延年益寿，

---

① ［宋］陶穀：《清异录》卷四。

② 各色海鲜是炒炊饭的一大主料，时值禁渔期，故不设时鲜海味。

③ ［唐］徐坚：《初学记》卷二十七《宝器》部，清光绪孔氏三十三万卷堂本。

百病不侵。但是宋人口中的琼脂却有别于晋人的琼脂。宋代的《梦林玄解》"石花菜"条目中提及"烹治以食，谓之琼脂"[1]，此菜口感甚佳。可见，宋人口中的琼脂可能是石花菜。龙睛粉在有些古籍中又作"龙精粉"，它究竟为何方神物暂不可考，其身价或许能与龙脑比肩齐声。

想来这种清风饭入口清凉、芳香绵软，夏日食用，滋味妙不可言。清风饭所选用的食材颇为贵重，特别是龙脑末、龙睛粉等物，夏日里的冰池也非寻常百姓之家所能拥有，因而与普通的饭食绝不可同日而语。

（三）一种流行于唐宋，美味养生的饭食

唐宋时期，人们好食青精饭。

"旧闻香积金仙食，今见青精玉斧餐。"[2]在唐代诗人陆龟蒙的作品中，青精饭被冠以"玉斧餐"的美名。而在杜甫眼中，青精饭又是一种有着摄生良效的饭食："岂无青精饭，使我颜色好。"[3]既美味又有养生功效的青精饭到底是如何烹制的呢？幸好，南宋文人林洪将这个答案记录在《山家清供》一书中。

在该书的开篇，林洪详实地记载了这种饭食：取南烛木的枝叶捣汁后，浸入上好的粳米。一两个时辰后，将浸透的米隔水蒸熟。接着，将熟透的米饭曝晒至坚硬后就可以贮藏起来了。当需要食用的时候，取"坚而碧色"的米饭倒入适量的滚水中，"煮一滚即成饭矣。"[4]

（四）食后成可仙的米饭中有何神秘食材

胡麻充满着神话彩色，在古人的心中，诸位神仙皆以胡麻饭为食，而常人食

---

① ［宋］邵雍：《梦林玄解》卷十七《梦占》，明崇祯刻本。

② ［唐］陆龟蒙：《润卿遗青饤饭兼之一绝，聊用答谢》，《全唐诗》卷六百二十八。

③ ［唐］杜甫：《赠李白》，《杜工部集》卷一《古诗五十首》。

④ ［宋］陈达叟等：《蔬食谱·山家清供·食宪鸿秘》，浙江人民美术出版社，2016年10月，第11页。

用胡麻饭后也可骖鸾驭鹤、白日飞升。胡麻亦可作良药，源自充溢着传奇色彩的西域。有趣的是，这种原本很普通的植物竟成为道家服食求仙的修炼法物。"不食胡麻饭，杯中自得仙"①，显然，唐代诗人白居易早已认识到此说有是不根之谈。尽管如此，唐人依旧视胡麻饭为上等美馔，"御羹和石髓，香饭进胡麻"②，"神枣胡麻能饭客，桃花流水荫通津"③，用喷香的胡麻饭尽地主之谊，亦不失主人体面。

胡麻自西域的大宛国而来，西汉武帝时期的张骞出使西域之后，将胡麻的种子带回中原，从此中土才有了胡麻这一物种。事实上，古人所谓食后可成仙的胡麻，即黑芝麻。现在不少时尚餐厅里敬献给食客的白米饭，其表面也会撒少许黑芝麻。

（五）风靡唐宋的盘游饭，今天还存在吗？

团油饭，又名盘游饭，是唐宋时期流行于南方的特色油饭。唐代段公路的《北户录》言及，团油饭的配料因地制宜，取材于当地特色的煎虾、炙鱼，并加入鸡、鹅、猪、羊等肉品，再以姜、桂、盐、豉调味，与稻米饭调匀后烹饪而成。团油饭是富家女子生产后的滋补佳品，类似于今天的什锦饭或盖浇饭。

北宋的苏东坡对其叙述得也颇为详细，"江南人好作盘游饭，鲊、脯、脍、炙无不有，埋在饭中。里谚曰：'掘得窖子。'"④一份道地的盘游饭，腌鱼、肉脯、鱼脍、烤肉，无不齐备。盘游，是古人对出门游乐的称呼；盘游饭，饭菜皆备，又无多余的汤汁，适宜出游时携带。唐代政治家张说诗云："方秀美盘游，频年降天罕。"⑤"秀""美"两字，道明了盘游饭的精美与可贵。离家远游之人随身携带一份盘游饭，恍若故乡亲人们依旧如影随形。

① ［唐］白居易：《宿张云举院》，《全唐诗》卷四百六十二。

② ［唐］王维：《奉和圣制幸玉真公主山庄因题石壁十韵之作应制》，《全唐诗》卷一百二十七。

③ ［唐］牟融：《题道院壁》，《全唐诗》卷四百六十七。

④ ［宋］苏轼：《仇池笔记》卷下，清文渊阁四库全书本。

⑤ ［唐］张说：《行从方秀川与刘评事文同宿》，《全唐诗》卷八十六。

我曾在返乡之前自制一份盒饭——白米饭上简单地浇了几个素菜。到火车上打开一看，菜早已不如刚出锅时那般葱翠诱人，食之也颇感无味。一则，热气升腾，饭菜的香味散失殆尽；二则，我平日素来不喜凉拌的菜式，冷饭冷菜更是难以下咽；三则，菜中的少许汤汁浸入米饭内，米饭遂变得软塌塌的，不禁咀嚼。

回沪时，我随身携带母亲精心烹制的一份"盘游饭"，米饭上盖了三四个菜式，荤素搭配、咸淡适宜，关键是滤去了多余的汤汁。正当我津津有味地啃大排、吃鸡蛋的时候，邻座的那位小女孩眼巴巴地凝视着我，且反反复复地问道："你在干吗？这是什么？"一边问话，一边还不住地咽口水，肉嘟嘟的小手三番两次地伸向我的盘游饭，却都被她母亲及时截住了。

南方的台州地区有一种传统的油饭，当地人称它"𤞄肉饭"。将"猪"字写作"𤞄"，并非我的一时兴起。在普通话中，与"猪"同音的"珠"字，在台州方言里念"拘"，而猪却称"滋"。再者，吴语平翘不分。显然，"猪"应该作"𤞄"。

其实，很多古音在台州方言中得以完整保留，比如"掇"①、"饐"②、"尔"③、"娘妗"④，以及"风飔"⑤等，不胜枚举。俗语有"吴侬软语"之说，台州虽属吴语区，但发音极其生硬。有一位大学同学，听到我给家人打电话的时候曾感慨道："平常见你轻声细语、温婉可人，怎么一说起方言全都变了？"正如一般人理所当然地认为徐志摩的乡音总该是轻清柔美的，假如他操一口硖石方音，却也是"乌拉乌拉"⑥的。

言归正传。𤞄肉饭以大米⑦和五花肉为主要原料，鳗鲞、带鱼鲞、虾干、墨鱼

---

① 用双手拿椅子、凳子等。

② 饐，音"易"，即食物经久腐臭。

③ 你。

④ 妗，音"近"，用来称呼舅妈。

⑤ 飔，音"思"，风飔在台州一般特指台风。

⑥ 海宁硖石方言，相当于普通话中的"我们"。

⑦ 也有人喜欢在大米中掺入糯米。

干、芋艿、香菇等为辅料烹煮而成。精选上好的大米浸泡片刻，同时各种干货也须泡发备用。生火后，五花肉与各种泡发好的干货先放少许荤油加以煸炒，黄酒、生姜、蒜根等佐料不可或缺，再将浸透的大米一起入锅翻炒，加水后旺火烧煮。待水快要煮干之时，调成文火。最后，务必焖上十几分钟，让柴火的余温将其彻底焖透。起锅时，洒少许葱花或蒜叶，以其葱翠之色作为点缀。这种油饭最宜放在传统柴灶上的大铁锅中烹煮。如果有幸能买到农家土猪肉，那烹好的蟲肉饭实在是无上的美味。

蟲肉饭，名虽不雅，却色味绝佳。此饭融合饭香、肉香、鲜香、酒香、油香、蒜香，以及香菇的特殊香气为一体。肉，色泽红亮、绵软香口，酥烂而形不碎；

猪肉饭
朱晨善供图

饭，光亮金黄、爽滑酥嫩，软糯而口不腻，让人不禁垂涎三尺、埋头大嚼。听人抱怨说北京的猪肉有一股骚气，其味不及南方的猪肉，北京的猪肉味道如何，笔者不知，但后者质嫩味美的确属实。

唐人也吃猪肉，但食用范围却不如羊肉那般广泛。蟲肉饭历来就有，且食材与团油饭相近，也许它就是团油饭历经上千年变异并本地化后的产物。

二、黍稷良非贵

撇开麦制品不论，大唐北方地区的主食是粟与黍。

（一）宰相家的套餐

粟古称稷，与黍齐名，俗名小米。粟米粥有代参汤的美称，今天北方地区仍有坐月子吃粟米粥的传统。而在唐代，粟米的格调却不及稻米。粟米煮饭，时常又粗又硬，北方的山村人、僧人等较多食用粟米饭。[①]

大唐宰相食用粟米饭是廉政的表现之一。以清廉节俭为时人所钦佩的唐代宰相郑余庆，某日忽然心血来潮，邀请数位同僚去府中小酌，众位受邀者惊讶万分。宰相向来德高望重，朝臣们皆心存敬畏，在破晓之后便即刻前往宰相府。各位官员入座后，只有仆从在一旁添茶，郑相公却迟迟不见踪影。直至日上三竿，他才慢腾腾地出来会客。闲话多时，来客们早已饥肠辘辘，宰相这才吩咐仆从道："烂蒸，去毛，莫拗折项。"[②]诸位相互交换眼色，料定是清蒸鹅鸭之类的美馔。

不时，侍从们便开始备餐。俄而，碗筷已齐备，碟中的酱醋鲜香扑鼻。终于等到开饭时间了！偷咽馋涎良久的官员们顷刻目瞪口呆。原来，众人身前唯有一碗粟米饭和一枚蒸葫芦而已，大家顿觉兴味索然。但是，相国却吃得有滋有味，大家也只有勉为其难地吃完了。

可见，粟米饭在唐人的眼中并非待客佳品。唐代官员褚亮的《冬至圜丘并褚亮等作·顺和》一诗中亦有"黍稷良非贵"[③]之句。大唐军中若供应粟米饭，则是待遇降低的信号。泾州土卒叛乱，唐德宗被逼出长安，主要因为给他们提供粟米饭而非

---

① 黄正建：《走进日常：唐代社会生活考论》，第103页。

② ［宋］李昉：《太平广记》卷一百六十五《廉俭》。

③ ［唐］褚亮：《冬至圜丘并褚亮等作·顺和》，《全唐诗》卷十二。

其他更佳的伙食。①

　　然则并非所有品种的粟都不受待见，粟的良种粱就是一个例外。粱与稻皆属
细粮，古人常将两者连称来指代上等的粮食。杜甫的"国马竭粟豆，官鸡输稻粱"，
谴责的正是唐玄宗舞马、斗鸡耗费好粮。成语"黄粱一梦"中的"黄粱"，指的则
是粱中的上品。②

　　"黄粱一梦"这一典故出自唐代的传奇小说《枕中记》，讲的是大唐一名落榜书
生的故事。开元七年③，有一位卢生驾着青驹，风尘仆仆地赴京赶考。但皇天不与人
方便，他最后功名不就。一日，卢生返乡途经邯郸，在客栈内邂逅得道的吕翁④。
吕翁见他自怨自艾，便取出一个瓷枕，让其安睡。卢生拥枕而眠，顷刻入梦。在梦
中，卢生与清河的名门望族崔氏联姻。值得一提的是，与崔、李、卢、郑、王"五
姓女"⑤联姻，往往被视为唐代男子最高的社会荣耀。《唐语林》卷四记载："薛元超
谓所亲曰：'吾不才，富贵过，平生有三恨：恨始不以进士擢第，不娶五姓女，不
得修国史。'"元超出身于显赫的河东薛氏，后来官拜宰相，连他都以未娶五姓女而
抱憾终身。这一社会风气在唐传奇中也颇有体现。虽然，唐传奇记载的都是一些奇
闻异事，而折射的却是当时真实的社会生活与人们的情感世界。有趣的是，在这些
奇异的故事中，男主人公通常是一个穷儒，而他们总是能够与来自"五姓"的女子
有着一段浪漫邂逅，乃至结为夫妻。《枕中记》中的卢生在梦中也享受到了这样的
艳福。与崔氏联姻之后不久，卢生又高中进士，升为陕州牧、京兆尹。后来，他竟
官至户部尚书兼御史大夫、中书令，册封为燕国公。卢生五子皆功成名就，娶妻侯
门。平生子孙成群，尽享世间繁华，怎料80岁那年，他不幸患疾卧床，危在旦夕。

---

① 黄正建：《走进日常：唐代社会生活考论》，第102页。

② 许嘉璐：《中国古代衣食住行》，第50~55页。

③ 公元719年。

④ 明代剧作家汤显祖创作的《邯郸记》，将吕翁改为八仙之一的吕洞宾。

⑤ 博陵崔氏、清河崔氏、范阳卢氏、荥阳郑氏、太原王氏、赵郡李氏、陇西李氏。

即将断气之时，他蓦然惊醒，顾盼四周，一切如旧：吕翁在侧，伙计烹煮的黄粱饭还在锅里呢！

有时，我们明明做了一个很长的梦，醒来之后却发现自己才睡了很短的时间。有科学研究表明，人类做梦的时间极其短促，有的只有几秒钟，通常也就几分钟。大脑能在瞬间将许多情景映现在梦境之中，许多风马牛不相及的事件与场景皆可相互拼接，时间可跳越，地点也能切换。事实上，不是时间变慢了，而是睡梦中的我们接受信息的速度变快了。

故事中的卢生也和我们有着同样的困惑，他满腹狐疑地问道，难道这一切都是梦吗？吕翁答道："人世之事亦犹是矣。"此为"黄粱梦"的典故。原来，这一世的繁华只是黄粱一梦，人生虚妄至此，不禁令人唏嘘！

（二）《烧尾食单》之御黄王母饭

黍，又称为糜子，脱粒后为黄米。在唐代，用黍米煮饭或熬粥亦为寻常。

唐代黍的种植面积颇广，黍米饭自然而然地成为北方广大地区的主粮。唐代很多诗人都吟诵过黍米饭。"柴门寂寂黍饭馨，山家烟火春雨晴。"[1]外有柴门寂寂，内有黍香怡人，农家炊烟袅袅，春雨过后天空放晴，露出清新雅致的天青色。"厨香炊黍调和酒，窗暖安弦拂拭琴。"[2]满室弥漫着黍饭和美酒混合的温暖气息，悠然地调好古琴，临窗轻抚一支仙曲。"故人具鸡黍，邀我至田家。"[3]有鸡有黍的日子，便是唐代普通农家人眼中的幸福生活。

黍米并非难登高雅之堂的寻常之物，大唐宰相韦巨源之《烧尾食单》里的御黄王母饭，是一道精制的黄米蒸饭，不过也有人称其为盖浇饭。御黄王母饭大概在西周"八珍"之一——淳母的基础上演变而来。将肉酱烹制好以后，盖在黍米饭上，

---

[1] ［唐］贯休：《春晚书山家屋壁二首》，《全唐诗》卷八百二十六。

[2] ［唐］白居易：《偶吟二首》，《全唐诗》卷四百五十。

[3] ［唐］孟浩然：《过故人庄》。［清］徐倬编：《全唐诗录》卷十一，清文渊阁四库全书本。

淳熬
中国皇家菜博物馆藏

再浇上油脂,谓之淳母,而盖在陆稻^①上,则称为淳熬。^②

《烧尾食单》记载:"遍缕卵脂,盖饭面表,杂味。"^③黍米饭的表面被严严实实地铺上一层丝状的卵脂。一盘黄灿灿的御黄王母饭,绵糯油亮、异彩纷呈,光是欣赏就足以把馋虫诱上喉头。

稷与黍对中国历史的发展有着举足轻重的作用。古人甚至将稷拔高至与国家齐肩的地位,如"江山社稷"中的"稷"即为此。稷这种粮食作物对中国早期历史发展的贡献远远超过了小麦。近年有学者认为,若单以粮食作物而论,秦统一天下的真正力量是粟米,而非小麦。^④曾雄生先生也提及,唐以前北方始终以粟为主,直到中唐以后小麦才成为与粟平起平坐的主粮之一。^⑤黍也被古人赋予极高的地位,主要表现为黍在祭祀中占据着至关重要的位置。追溯至周代,夏至日祭地,黍是重要的祭品之一。尽管几千年来人们对"五谷"的概念并未达成共识,但黍与稷往往是"五谷"中不可动摇的主角。值得玩味的是,史前农人最早栽培成功的谷物恰好

---

① 无需灌溉也能生长(如在多雨地区)的水稻。

② [汉]戴圣:《礼记·内则》。

③ [唐]韦巨源:《食谱一卷》。[元]陶宗仪编:《说郛三种》一百二十号之弓九十五,第4338页。

④ 韩茂莉:《中国历史农业地理(中)》,北京大学出版社,2012年3月,第330页。

⑤ 曾雄生:《论小麦在中国的扩张》,《中国饮食文化》(台北)2005年第1期。

也是稷与黍。① 因此，二者的地位或许早在史前时代就已经奠定了。

三、粗食疗民饥

（一）唐代食人现象

对于大唐的朱门大户来说，他们绝不会餍足于一碗朴素单调的米饭。但对寻常人家而言，在治世中每日可饱餐两三顿便已心满意足，倘若遭遇荒年和战乱，他们也许只有蔬饭或粗饭果腹，乃至仰赖于橡栗饭勉强度日。

明清时期，番薯、土豆、玉米、花生等来自于美洲的高产作物被引进中国。明清以降，这些高产作物养活了世世代代的清贫百姓。而唐代的贫苦人家却没有更多选择，他们也曾"所在皆饥，无所依投"②，仅靠最低的生活标准以维持生计。"留客羞蔬饭"③；"蔬饭疗朝饥"④；"钟鼎山林各天性，浊醪粗饭任吾年"⑤；"中厨办粗饭，当恕阮家贫"⑥……这些诗句鲜活地呈现出社会下层人民度日的艰辛。

蔬饭，即以蔬菜为主料的吃食，大概以野菜为主。粗饭取材于粗粮，也有观点认为它专指糙米饭。在衣食无忧的今天，人们大力倡导多食蔬菜与粗粮。但对于唐代下层百姓来说，这些食物往往是他们的无奈之选。

相较于蔬饭或粗饭，橡栗饭更次一等。橡栗即橡实，也叫橡子，是橡树的果实。橡栗与板栗的外表十分相似，故而极易鱼目混珠。虽只一字之差，滋味与效用

---

① 王仁湘：《中国史前考古论集·续集》，第159页。

② ［宋］王钦若：《册府元龟》卷一〇五。［宋］司马光：《资治通鉴》卷第二百五十二《唐纪》六十八。

③ ［唐］李洞：《过野叟居》，《全唐诗》卷七百二十二。

④ ［唐］白居易：《官舍小亭闲望》，《全唐诗》卷四百二十八。

⑤ ［唐］杜甫：《清明二首》，《杜工部集》卷十八《近体诗五十七首》。

⑥ ［唐］王维：《郑果州相过》，《王右丞集笺注》卷七《近体诗三十九首》，清文渊阁四库全书本。

橡实

却有着天渊之别。板栗香糯甘甜，有补肾强筋之效。橡栗外表坚硬，身披极具欺骗性的酒红色外衣。其仁酷似花生却十分苦涩，口感远远不及甘滋绵软、香气浓郁的板栗。

唐肃宗乾元年间[①]，杜甫客居同谷[②]。时值安史之乱后期，大唐境内疮痍满目，民穷财尽，诗人杜甫也曾捡拾橡实果腹。

> 有客有客字子美，白头乱发垂过耳。
> 岁拾橡栗随狙公，天寒日暮山谷里。
> 中原无书归不得，手脚冻皴皮肉死。
> 呜呼一歌兮歌已哀，悲风为我从天来。[③]

这段艰难竭蹶的日子跃然纸上，读之令人泪如泉涌。

以橡实饭果腹，并不限于北方一地，浙江绍兴地区的百姓也曾以橡实充饥。唐代诗人朱庆馀将自己食用橡实的经历记载在《镜湖西岛言事》一诗中：

---

① 公元758—760年。

② 即今天甘肃成县。

③ [唐]杜甫：《乾元中寓居同谷，作歌七首》，《杜工部集》卷三《古诗七十八首》。

慵拙幸便荒僻地，纵闻猿鸟亦何愁。

偶因药酒欺梅雨，却着寒衣过麦秋。

岁计有余添橡实，生涯一半在渔舟。

世人若便无知己，应向此溪成白头。①

　　该诗所提及的镜湖位于今天的绍兴。由此可知，年头不佳的时候，唐人食用橡实度世亦非罕见之事。

　　古人通常将橡栗磨成粉，制成橡子面食用。虽说橡栗可以勉强疗饥，但此物性温，长期食用后易致便秘，实热火亢者尤不适宜。不过，人们也常借其特性治疗泄泻、痢疾。在饔飧不继且没有"马应龙"的岁月里，百姓的生活可想而知。

　　天灾人祸的年代里，能饱餐一顿橡栗饭或橡子面，已是千恩万谢。在后人心中打上"盛世"烙印的大唐，食人的局面也时有耳闻，如此惨绝人寰的一幕发生在平定安史之乱的战争中。

　　昔年，唐军将领张巡与太守许远共守睢阳②。军中几度损兵折将，而且还断了粮草。名将南霁云带领30名骑兵冲出重围，向临淮守将贺兰进明借兵未果。尔后，士兵们相继饿死。张巡见状后心急如焚，狠心杀死爱妾，强令各位士兵食用，在座者无不失声痛哭。许远效法，也杀害自己的奴仆供战士们疗饥。③古往今来，两人的行为颇受人们争议。然而，睢阳还是未能逃脱沦陷的厄运，张巡等人皆被俘而死。至唐僖宗时代，张巡、许远、南霁云三人的肖像被请入凌烟阁，供后世祭奠缅怀。

　　尽管橡实并非人们理想中的食品，但比起食人惨状，要好出几百倍。晚唐的诗人们感叹："薜萝山坡偏能湄，橡栗年粮亦且支。"④"自冬及于春，橡实诳饥肠。"⑤橡

---

① ［唐］朱庆馀：《镜湖西岛言事》，《全唐诗》卷五一六。

② 治所在今河南商丘南。

③ ［宋］欧阳修：《新唐书》卷一百九十二《列传》第一百一十七《忠义》中。

④ ［唐］贯休：《山居诗二十四首》。［清］李调元：《全五代诗》卷五十五，清函海本。

⑤ ［唐］皮日休：《橡媪叹》，《全唐诗》卷六百八。

栗堪称一位救荒之臣，其历史功绩不容抹杀。在近代大机器生产时期，它还可作为纺织业浆纱的原料。

此外，古人还食用另外一种并不适口的伙食——麦饭。今天，五花八门的面食比比皆是，但实际上，面食的诞生经历了相当长的一段历史时期。在人们尚未掌握麦子的磨粉技术之前，先民们最初食用的是麦饭。所谓的麦饭，即"磨麦合皮而炊之也"。[1]从古籍描述来看，麦饭是以整粒小麦煮食，想必入口之后味同嚼蜡。而在小麦面食之后的历史时期，古人却刻意食用这种并不适口的麦饭来表明某些特殊的情感。南朝时期，守丧的孝子们往往通过食用麦饭来表达对父母养育之恩的感念。

后来，随着石磨的出现以及麦类加工水平的突飞猛进，原本口感较次的整粒小麦以全新的姿态步入了人们的生活。味道别致的面食在产生之初就迅速登上了大雅之堂，成为帝王餐盘中的主食，这一转变大约发生在东汉时期。[2]至唐代，人们制作面食的技艺已经发展到炉火纯青的境界。然而，即便如此，由于种种原因，民间依旧有食用麦饭的现象。

在撼动大唐帝国的安史之乱中，一向锦衣玉食的皇室成员也品尝到了麦饭的滋味。据《天宝乱离记》载，六月十一日，玄宗一行大驾幸蜀，他亲自询问当地百姓："卿家有饭否？不择精粗。"[3]于是，沿途的大唐子民竞相为落魄的逃亡队伍献食，"担挈壶浆，杂之以麦子饭，送至上前"。[4]平民们奉汤献水，其间还有彼时的下等伙食——令人难以下咽的麦饭。玄宗命侍从将食物优先分发给兵士、六宫嫔妃及皇孙等，众人见到饭食犹如天降甘霖一般，纷纷不甘人后，直接以双手捧掬而食。但是僧多粥少，食物顷刻而罄，众人深觉意犹未尽。玄宗不肯白吃白喝，令人付了钱，还跟他们嘘寒问暖。乡亲们皆痛哭流涕，玄宗也不禁掩面哭泣。

---

① ［汉］史游：《急就篇》，四部丛刊续编景明钞本。
② 韩茂莉：《中国历史农业地理（中）》，第335页。
③ ［宋］司马光：《资治通鉴考异》卷第十四。
④ ［宋］司马光：《资治通鉴考异》卷第十四。

唐代小麦
新疆阿斯塔纳墓出土
详见吐鲁番博物馆编：《吐鲁番博物馆》，第80页

（二）吃糠咽菜

在我国，水稻有着源远流长的种植历史。稻米历来是南方人的主粮，"楚越之地，地广人稀，饭稻羹鱼"，是2000多年前的司马迁在《史记·货殖列传》中对江南一带饮食习俗的精辟概括。唐代上品的稻米产自吴兴一带，有着"炊之甑香"[①]的极高品质。不过，今天太湖一带的豪门并不崇尚本地大米，而是泰国香米。以鱼翅、泰国香米和红醋三者相拌而食，其味美不可尽言。

水稻不属于北方自然条件下的优势作物，明代王士性对此有过深度地分析：

江南泥土，江北沙土，南土湿，北土燥，南宜稻，北宜黍、粟、麦、菽，天造地设，开辟已然，不可强也。[②]

但事实上，早在史前时代，黄河流域就有种植水稻的现象，如距今约8000年左右的河南舞阳贾湖遗址、仰韶文化遗址、河南郑州大河村遗址等都有稻作遗存的

---

① [唐]冯贽：《云仙杂记》卷二。
② [明]王士性：《广志绎》卷二，清康熙十五年（公元1676年）刻本。

发现。①此外，古代的关中、太行山，以及幽燕地区②，都曾有水稻种植的记载。唐代人能够利用灌溉技术，甚至可以成功地将水稻种在气候干旱的河西等地。③当时，人们已经能培育出丰富的水稻品种，唐诗中有不少关于香稻、红稻、粳稻、早稻、晚稻的诗句。

稻米属于细粮，在唐人眼中其品位较高。据黄正建先生的研究，唐代驿站供应过往官吏，专对大使提供白米饭，而随从就只给黑粗饭；在北方的敦煌地区，稻米饭更显珍贵，用来特供节度使。

隋唐时代，三餐制开始普及，这从唐诗中自可窥见："林下中餐后，天涯欲去时"④；"朝眠因客起，午饭伴僧斋"。⑤诗中都提到了中餐、午餐这样的字眼。对唐代的普通百姓来说，一日三餐能够吃上稻米饭是一种享受。"早炊香稻待鲈鲙，南渚未明寻钓翁。"⑥清晨起来，煮好热乎乎的稻米饭，馨香盈室。耐耐性子，强忍哈喇子，等待着日出之前所钓的鲈鱼出锅。

作为一个地道的南方人，那些关于稻米的记忆，早已融入我浑身的血液里。记得儿时，童稚的我曾向外祖母抱怨早米的滋味欠佳，她却告诉我说嫌弃早稻难吃是罪过的，稻米都是宝贝。那时的我似懂非懂，后来才领会到，在她过去的岁月里，有相当长的一段时间内根本吃不到白米饭。

20世纪30年代初，外祖母出生于浙江台州的一个乡村，其家颇为殷富。年幼之时却家势中落，大概在她10岁左右，生活变得敝衣枵腹，外曾祖父甚至将其中一个儿子贩卖给挑夫走卒，时至今日依旧杳无音信。外祖母那一代人历经了大半辈子

①　王仁湘：《中国史前考古论集·续集》，第159页。

②　泛指河北北部及辽宁一带。因上述地区唐代以前属幽州、战国时期属燕国，故有幽燕之称。

③　韩茂莉：《中国历史农业地理（中）》，第462~464页。

④　[唐]贾岛：《送贞空二上人》，《全唐诗》卷五百七十二。

⑤　[唐]白居易：《咏闲》，《全唐诗》卷四百五十。

⑥　[唐]许浑：《夜归驿楼》，《全唐诗》卷五百三十四。

糠　　　　　　　　　　　　　　　番薯渣

的天灾人祸，生活之艰辛不言而喻。

　　曾经，细糠、番薯渣、番薯皮，以及腐烂的番薯等此类甚至连猪都厌弃之物，却都是外曾祖父母、外祖母乃至父辈们那几代人赖以疗饥的食物。祖母没尝过这些东西，不过她追忆说，不知为何，在15至17岁那几年，日子过得异常艰难。外曾祖父母靠吃细糠度世，却把那些年的上等口粮——番薯丝留给了她。

　　吃糠与番薯等物，基本以当时广大乡村百姓以及城市贫民为限，这一现象又何止限于浙江一地呢？我曾听人说起，一位福建惠安籍的老教授，上世纪50年代以优异的成绩从偏僻的小山村里考入了大上海的华师大地理系。来校的第一餐，食堂供应白米饭，他喜不自禁之余，还有点难以置信，以为白米饭只是学校里待客的饭食。之后的伙食，居然顿顿有白米饭，他激动得奔走相告。

　　农民吃糠等物，何止是因贫困所致？可以说，彼时的城市居民能够吃上米饭，往往以广大农民吃糠咽菜为代价来换取。而今，国人嘴里动辄冒出一句粗话："你这个农民！"殊不知农民们一直在扮演为城市做嫁衣的角色，为支持国家优先发展城市的战略，他们承受了多少苦难。更不乏愚昧无知者至今依然持有城乡偏见，如井底之蛙一般蜷缩在城市的一隅，怀着与生俱来的优越感。

　　那么，人们所吃的糠自何而来呢？

旧时，人们割完稻之后，先用打稻机将稻谷与秸秆分离。而更早以前，是凭借人力甩动脱粒。脱粒之后，再经过多次扬谷、晒谷，以及耙谷。经过这几步处理能去除大部分秸秆与杂草，可仍有残余，同时还有秕谷的掺杂，这就需要动用扬谷扇车。

公元前2世纪，中国古代劳动人民发明了旋转式扬谷扇车，外祖母家就有一台，我小时候仍见过它运作的场面。扬谷扇车，南方也叫风车，它以人力为动力，进而产生气流，依靠风力把壮谷①之外的杂物扬弃。随后，将壮谷倒入大石臼内舂。舂过后的壮谷，谷壳与大米并未分离，仍要再用风车将谷壳扬掉，此时从风车车斗内吹出的就是过去乡村百姓和城市贫民们所食用的糠了。

细糠则还需把糠放入石磨中研细，虽说已经通过简单的加工，却依旧难以入口。据年纪较长的姨妈回忆，她幼时曾吃过细糠，用蔬菜将它包裹好，再勉强吞咽下去。我原本以为细糠中会羼点麦粉，如此才能揉成一团。其实不然，他们所食用的细糠里唯有糠而已。由于长期食用此物，再加平日里长期不沾半点油腥，导致当时不少人粪便难解。有人曾用筷子疏通，以致肠道大量出血。这却非危言耸听，而是真实无妄的现实。

番薯渣是红薯加工成淀粉之后残留下来的废弃物。光景稍有起色的时候，才能

扬谷扇车

---

① 南方人称颗粒饱满的谷粒为壮谷。

够吃上番薯。

据老一辈人回忆，"水洋"一带的百姓，乐意将女儿许配到我们这边的各个山村。他们所说的水洋，是对位于温岭平原地区的新河、箬横一带的称呼。"水洋"之名，想必取自于当地的水洋港。旧时每逢天灾人祸，这些地方都在劫难逃，尤其发洪水之后，基本上颗粒无收。

"打风飔、做大水"，是当地百姓称呼天灾的惯用词汇。丘陵地区虽然挡不住台风的肆虐，但在洪水面前，丘陵地带的百姓却不似在平原地区那般无计可施。人们在山丘上栽种各种救饥的作物，其中最多的当属番薯。那时，生食番薯为普遍现象，却难以避免体内滋生蛔虫的风险。用番薯、大米烹煮成一锅红白相间、清香迎面的番薯米饭，是昔年多少人梦寐以求之事。

可是，糠、红薯渣和烂红薯也有吃不到的时候。又或者，就算成年人能仰仗这些东西糊口，可是少不更事的幼儿呢？姑婆年幼之时，险些因为饥饿而丧命。曾祖母曾眼睁睁地看着奄奄一息的爱女逐步昏死过去，却爱莫能助，惊惶失措之际，幸好在犄角旮旯里寻见几粒救命的绿豆，将其磨成粉，喂到女儿的口中，才幸免一死。

父辈们年少时也吃不到纯粹的白米饭。每年两次的稻米丰收季，全家六口人一顿的伙食，基本上是量一手掌大米入锅，其余以番薯丝添补。而一年中的其他月份，番薯丝权作米饭食用。这是农村的普遍现象。对于家里的男主人或者体弱多病者，主妇们会特别关照，酌情为其增添大米的比例。做饭时，待锅中的番薯丝快要煮干的时候，主妇们操起铁制的长柄饭铲，将之铲出一点空隙，再放一小把羼杂少许番薯丝的大米继续焖煮。家中的其他成员或有觊觎优待者伙食，会不由地用饭铲"撇"一点。偶尔为之本无可厚非，不过有人屡屡"以身试法"，被逮住后却美名其曰"饭铲想吃大米饭"。

四十余年前的一个夜晚，甲、乙、丙、丁和戊五君相邀前往附近村庄看电影，徒步往返一小时，早已饥肠辘辘，此时有人提议吃粳米年糕。于是回家途中，他们

传统铁制大饭铲与大汤勺

在邻村的菜地里顺了一株大白菜。甲、乙、丙每人各自去家中窃得一根年糕，丁是外村的，不便回去。戊自幼无父无母，家中绳床瓦灶，平时连油都吃不起，更别提年糕了。

有了年糕与菜，意味着万事俱备，只欠东风，最后去谁家煮呢？甲和乙都说严父要苛责，而戊的家中无油，最后一致商定去丙家。因为丙是独子，甚宠。为此，丙家还另添了两根年糕，如此一来，共五大根年糕，外加一颗重达七八斤的大白菜。现在一根年糕，可供普通食量的三人饱餐一顿，而过去的一根年糕体积更大。一切都妥妥的，一伙十几岁的少年浩浩荡荡地向丙家挺进。

台州人吃年糕，都是切成条状，而不少地方却切成椭圆形。当时，八仙桌上切好的年糕与白菜重重叠叠、堆积如山，连平素里用来烧饭做菜，直径为0.6米的铁锅都容纳不下，便只好用更大的铁锅了。他们还担心不管饱，建议务必要宽汤煮。一阵忙活之后，终于等到开锅了！大铁锅里的汤年糕"衬沿衬封"①。事实上，这种尺寸的铁锅在当地是专门用来煮猪食的。大家争先恐后捧着粗瓷大碗，狼吞虎咽、稀里呼噜地大快朵颐了一回。每人都分到了四五碗，锅中铲得连一滴汤汁也不剩。

---

① 音，台州方言，指满到将要溢出。

这鲜美无比、痛快淋漓的滋味，绝对刻骨铭心、毕生难忘！

我一个"手帕交"的父亲，少年时代食量如牛，且食速惊人，每到开饭总是低头狂吃猛灌，一碗接着一碗，锅中本来就少得可怜的食物瞬息被他一扫而光。母亲逼不得已，只得在其换第二碗之前，咬紧牙关将他揍上一顿，在他哭骂的瞬间，母亲便趁机催促其他人争分夺秒地多吃点。

我父亲的食量也很大，但他吃完第一碗之后，总是默默地离席，坐到柴灶旁，或拨弄炭火，或理理木柴，大概是为掩饰自己的食欲吧！等全家人都放下碗筷，他才去锅里铲那些剩下的米饭——与其说米饭，倒不如说是红薯丝更确切一点。家里人知道他胃口大，每餐必定会给他留一些。父亲也不会全部吃完，每每必会留一口在锅里。直到衣食无忧的今天，他在盛饭时还会剩小半碗在锅中——即便在他没吃饱的时候。而我和母亲屡屡因出现剩饭而表示抗议，殊不知他的良苦用心。

追忆陈年往事，一把辛酸泪！

祖辈与父辈们时常感慨不已："做梦也没有想到会有如今衣食无忧的生活……"曾经饱尝饥饿之苦的他们，不到万不得已的地步绝不会将米饭轻易丢弃。万一剩菜剩饭馊了，他们只得倒掉，但口中必定念念有词："罪过啊罪过，要是能养只鸡就好了……"

主妇们做饭的时候，忧心着家人们是否受饿，米量必定宽放，所以厨房出现剩饭的现象是司空见惯，而母亲们吃隔夜饭菜的情况更是屡见不鲜。晚辈们总是苦口婆心地跟她们普及养生之道，一旦用词不当还会爆发小规模的家庭战争，我也曾经因此耿耿于怀。直到了解了上一辈人的成长经历之后，才有所释然，只好劝他们少放点米。

中国人逢人必问的那句"你吃饭了吗？"着实意味深长。即使是今天，全国大多数地区的问候语仍旧是一句"你吃饭了吗？"如此奇特的问安方式让外邦友人们匪夷所思，然而，此话的真正内涵想必只有国人方能领悟。

四、公私仓廪俱丰实

唐代刘𬭩的《隋唐嘉话》以"行旅不赍粮"[①]这样简单而平直的文字记录了大唐饮食的丰足。同时代的《开天传信记》记载,开元初,"左右藏库财物山积,陈腐不可胜较"。[②]后世文人又以"斗米不过三四钱"[③]颂扬贞观时期的粮食富足。孤证不立,被后人奉为中国古代最大的粮仓——洛阳含嘉仓,正是隋唐时代的国家粮仓。

洛阳含嘉仓遗址(局部)

据《通典》记载,天宝八载[④],全国主要大型粮仓的储粮总数为12656620石,而含嘉仓即有5833400石,占将近二分之一。[⑤]按中国历史博物馆藏唐高祖武德元年[⑥]的铜权,可知当时的一石相当于今天公制的79320克,即79.32千克。[⑦]换算成公制,

---

① [唐]刘𬭩:《隋唐嘉话》上,明顾氏文房小说本。

② [唐]郑綮:《开天传信记》,明刻百川学海本。

③ [明]夏良胜:《中庸衍义》卷五,清文渊阁四库全书本。

④ 公元749年。

⑤ [唐]杜佑:《通典》卷十二《食货》十二。

⑥ 公元618年。

⑦ 罗竹风主编:《汉语大词典缩印本(下卷)》,第7776页。

含嘉仓的储粮总量应为462705.288吨。

　　这种情况的出现，大概是出于隋末战乱的教训。隋末，东都的粮仓颇为分散，洛口、回洛等仓被据后，东都终因粮食危机而陷落。因而至唐代，政府便事先将粗米都聚积在含嘉仓中，以保障洛阳城的粮食供给。[①]

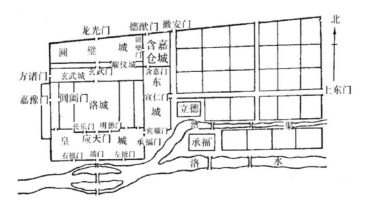

隋唐洛阳城平面图（局部）

详见周源：《隋唐洛阳含嘉仓城东门考》，《中国历史地理论丛》第30卷第1辑，2015年1月

　　含嘉仓城建于隋大业元年[②]，位于隋唐洛阳宫城的东北方向，整体略成斜长方形，东西达600余米，南北700余米，总面积约43万平方米。[③]据《大业杂记》记载，含嘉仓有南、北和西3个大门，南曰含嘉门，北曰德猷门，西曰圆璧门。

　　我国对洛阳含嘉仓的考古发掘，始于1971年1月，通过半年多的调查，在仓城内已铲探发现粮窖259个，可谓星罗棋布。至1972年，发掘出6个粮窖，分别为窖19、窖50、窖58、窖160、窖182，以及窖234，每个窖都留有唐代遗物，证实含嘉仓确系大唐的国家粮仓。其中，窖160还存留有当年的谷子，这堆谷子在贮藏时应

---

①　邹逸麟：《从含嘉仓的发掘谈隋唐时期的漕运和粮仓》，《文物》1974年第3期。

②　公元605年。

③　段鹏琦：《隋唐洛阳含嘉仓出土铭文砖的考古学研究》，《考古》1997年第11期。

和窑体相当，约50万斤，后经1000余年的演变已悉数炭化，仅剩大半窑。[①]

含嘉仓存储的主要是粟米与大米。[②]从出土铭砖上的刻字来看，其储粮主要是来自华北的粗粟和江南的粗糙米，如江南的苏州、楚州[③]、滁州[④]和华北一带的冀州、邢州[⑤]、德州[⑥]、濮州[⑦]、沧州[⑧]和魏州[⑨]等。[⑩]

州名	品种	数　　量	储存含嘉仓时间
苏州	糙米	一万三口口十五石	唐圣历二年正月八日
邢州	小口	七千五百石九斗八升	唐长寿二年三月廿四日
冀州	不详	万四千二百八十石	不　详
口州	不详	六千七百一十八石六斗六升八合　六十七石一斗八升六合六勺八撮	不　详
德州	粟	六千二十石	唐天授元年
濮州	粟	一千二百八十石	同　上
魏州	粟	七百九口口石	同　上
沧州	粟	六百石	同　上
不详	米	一万三……升五合六勺	不　详

含嘉仓出土铭砖上记载储粮统计表
详见河南省博物馆、河南市博物馆：《洛阳隋唐含嘉仓的发掘》

除含嘉仓以外，隋唐时期还有六大官仓：洛口仓、回洛仓、河阳仓、常平仓、

---

① 河南省博物馆、河南市博物馆：《洛阳隋唐含嘉仓的发掘》，《文物》1972年第3期。

② 河南省博物馆、河南市博物馆：《洛阳隋唐含嘉仓的发掘》。

③ 江苏淮安。

④ 安徽滁州。

⑤ 河北邢台。

⑥ 山东德州。

⑦ 河南濮阳。

⑧ 河北沧县。

⑨ 河北大名。

⑩ 河南省博物馆、河南市博物馆：《洛阳隋唐含嘉仓的发掘》。

广通仓和黎阳仓，较小型的有龙门仓、武牢仓、柏崖仓，以及渭南仓等。此外，全国各个地方上还有义仓、社仓和常平仓。[①]

洛阳含嘉仓是深埋地下的一个传奇，是千余年前的隋唐帝国鼎盛富足的一大见证。尤其是1300年多前巍然屹立于世界的大唐王朝，彼时幅员辽阔、政通人和、安定富饶。唐太宗统治时期，这块广袤的膏腴之地上，一个民殷国富的太平盛世呈现在世人面前，史称"贞观之治"。时光流转约60年，大唐又步入了另一个史上罕见的治世——"开元盛世"。对于开元时的社会盛况，我们在杜甫的诗篇中可见一斑：

> 忆昔开元全盛日，小邑犹藏万家室。
>
> 稻米流脂粟米白，公私仓廪俱丰实。
>
> 九州道路无豺虎，远行不劳吉日出。
>
> 齐纨鲁缟车班班，男耕女桑不相失。
>
> 宫中圣人奏云门，天下朋友皆胶漆。
>
> 百余年间未灾变，叔孙礼乐萧何律。[②]

"稻米流脂粟米白，公私仓廪俱丰实"，是杜甫对盛唐粮食富足的形象描摹。此外，最能表现盛唐气象的还有基本生活物资价格的低廉以及治安的稳定。据《通典》记载："至（开元）十三年封泰山，米斗至十三文，青、齐谷斗至五文。自后天下无贵物。两京米斗不至二十文，面三十二文，绢一匹二百一十二文……商旅远适数千里不持寸刃。"[③]

唐代除耳熟能详的"贞观之治""开元盛世"以外，还有高宗时期的"永徽之治"，宪宗时期的"元和中兴"，以及宣宗时期的"大中之治"等，想来大唐是古代治世与中兴最多的时代。享国近300年的大唐王朝，可以说是中国古代最强盛的时代。

---

① 邹逸麟：《从含嘉仓的发掘谈隋唐时期的漕运和粮仓》。

② ［唐］杜甫：《忆昔二首》，《全唐诗》卷二百二十。

③ ［唐］杜佑：《通典》卷七《食货》七。

第二章

朱门庖厨俱玉馔

在中国的西部与西南部的一些省份，有一道风味名菜——泥鳅钻豆腐，又名貂蝉豆腐、汉宫藏娇、玉函泥，曾一度受到老饕们的追捧。此菜的烧制方法是先将容器中的清水调入蛋清液与适量食盐，再把泥鳅倒入容器内，喂养一夜以排净淤泥。第二天，将泥鳅倒在盛着整块嫩豆腐的锅中，并佐以五味后用文火炖煮。须臾之间，泥鳅被热浪所迫钻进豆腐内躲藏。这样一来，待汤沸腾之后泥鳅全部烫死在豆腐中，故名泥鳅钻豆腐。相传，周口渔民邢文明为其始作俑者。

比起泥鳅钻豆腐的残忍，唐代张易之、张昌宗两兄弟的"罂鹅笼驴"之法绝对有过之而无不及。张易之将鹅或鸭关在一个大铁笼中，笼内有热炭火以及贮放五味汤汁的铜盆。鹅鸭在炭火的炙烤之下，绕着火不停地旋转奔走，口渴难耐之际便只好饮下铜盆内的调料。少顷，鹅鸭"表里皆熟，毛落尽，肉赤烘烘乃死"。[①]张昌宗的炙活驴是先将活驴拦于小室内，起炭火，置五味汁，如法炮制。[②]二张的手段如此狠毒，与传说中广东人活食猴脑的恶趣味不相上下。

二张同为武则天所宠幸，张易之掌控鹤监[③]，其弟昌宗为秘书监[④]。宰相杨再思曾如此阿谀奉承张昌宗："人言六郎似莲花，非也，只是莲花似六郎。"[⑤]张昌宗排行第六，六郎即指他。二张皆貌似莲花，却都暴虐无道。

不过，无论是张易之的"罂鹅"之术，还是张昌宗的"笼驴"之法，都无法代表唐代社会上层的饮食习惯。虽说唐人在饮食上好奇尚异，但似这般阴毒的吃法却实为少数。

唐德宗贞元年间[⑥]，有一将军时常说，"物无不堪吃，唯在火候，善均五味"。[⑦]

① ［宋］李昉：《太平广记》卷二百六十七《酷暴》一。

② ［清］黄叔琳：《史通训故补》卷二十，清乾隆养素堂刻本。

③ 武则天为招纳男宠所设，因其秽乱深宫，后被撤销。张易之为长官，其中任职的官员大多是女皇的男宠及轻薄文人。

④ 我国古代中央政府设置的专掌国家藏书与编校工作的机构和官名。

⑤ ［唐］刘肃：《大唐新语》卷九。

⑥ 公元785—805年。

⑦ ［唐］段成式撰，许逸民校笺：《西阳杂俎校笺（二）》卷七《酒食》，第581页。

他曾以破败的马具障泥①、藏矢的器具胡盠②为食材，处理炮烹后食用，其味极佳。比起二张，这位将军的饮食癖好顿显温润儒雅。

唐代是一个将吃喝玩乐演绎到淋漓尽致的时代，王孙贵戚府邸、达官显贵之家尤甚，皇宫内苑自不待言。

一、太官尚食陈羽觞

（一）帝王家厨房的规模

大唐宫廷的饮馔事宜主要由光禄寺和尚食局掌管。

古代天子享用御膳之前，一般先由试食宦官尝验。至唐代，这一重要的使命由唐宫的一大膳食机构——尚食局承当。本书开篇所述的韦巨源烧尾宴，自然也不会破例而免去尝验。尚食局是隋唐政府在光禄寺的基础上新置的一个御膳督办机构，以保障宫廷膳食顺应自然规律，即"春肝、夏心、秋肺、冬肾"的四时调摄之道。尚食局设有司膳③、司酝④、司药⑤、司饎⑥，兼有食医⑦数名。唐高宗统治时期，曾一度改尚食局为奉膳局，后又复旧。

然则古代宫廷更早的御膳督办机构并非尚食局，而是光禄寺。"掌祭祀、朝会、宴飨、酒醴、膳羞之事"⑧的光禄寺，为古代"九寺"之一，长官为卿，自北齐正式

---

① 垂于马腹两侧，用于遮挡尘土的物件。

② 盠，古同"箶"，胡簶，亦作"胡鹿"或"胡簶"。

③ 司膳司负责割烹、煎和之事，下设典膳与掌膳。

④ 司酝司负责酒酝、酏饮之事，下设典酝与掌酝。

⑤ 司药司负责医方、药物之事，下设典药与掌药。

⑥ 司饎司负责廪饩、薪炭之事，下设典饎与掌饎。

⑦ 《周礼·天官·食医》："食医，掌和王之六食、六饮、六膳、百羞、百酱、八珍之齐。"

⑧ ［元］脱脱：《宋史》卷一百六十四《职官志》第一百一十七，清乾隆武英殿刻本。

掌管膳食，直至末代王朝清朝。大唐的光禄寺下设太官①、珍羞②、良酝③和掌醢④四署，祭祀、朝会、御宴和文武百官的饮馔诸事皆为其所须承担之大端。

唐宫精美绝伦的御膳背后，又何止是光禄寺和尚食局两大职能机构"默默无闻"的付出呢？光禄寺与尚食局之外，还有司农寺。司农寺掌管粮食积储、仓廪管理，及京城朝官之禄米供应等事务，其下属机构为上林署⑤、钩盾署⑥，以及导官署⑦等。

东宫的政治地位非凡，这从膳食机构的设置上可窥一斑。东宫配有典膳局、食官署等专门的饮食管理机构。

《托果盘侍女图》⑧
房陵公主墓室壁画　陕西历史博物馆藏

（二）史上最豪奢的公主吃什么？

唐宫的御菜有灵消炙、红虬脯之属，说起这两道御馔，还与唐懿宗李漼的掌上明珠同昌公主有关。

咸通九年⑨，同昌公主下嫁进士韦保衡，礼仪之盛，空前绝后。懿宗赐钱500万

---

① 太官署主管备货，掌御宴、朝会膳食，太官署除令、丞、府和史等主管官员之外，另有供膳2400人，掌勺15人。

② 珍羞署负责烹调。

③ 良酝署管理酿造事宜。

④ 掌醢署的职能则为供应辅食与调料。

⑤ 执掌皇家苑囿和园池事宜，另须掌管宫廷每年的藏冰工作。

⑥ 供给国家机关柴炭，以及责令各管户奴婢善待、饲养园内的家禽牲畜。

⑦ 挑选御用米麦等。

⑧ 房陵公主是唐高祖李渊的第六女，咸亨四年（673）逝世，陪葬高祖献陵，终年55岁。画中的侍女身高为153厘米，身材匀称丰腴，头梳单髻，面部圆润，浓眉高鼻，樱桃小嘴。上身穿黄色窄袖襦，下身系淡红色长裙，脚蹬如意云头履，深红色的披巾绕过双肩飘于身后。她双手捧着盛满瓜果的五足盘，正向墓道口走去，显得毕恭毕敬。

⑨ 公元868年。

贯，并罄皇宫内库的宝货相赠，以充实其宅，甚至将太宗庙内条支国所献的数斛金麦与银米赐予她。公主豪宅中的一切生活所用，皆饰以奇珍异宝，无不精巧华丽绝比，金银器皿又何足道哉！

同昌公主的嫁妆中，珍异之多，"不可具载"[1]，"自两汉至皇唐公主出降之盛，未之有也"[2]。公主的生活岂是"豪奢"二字足以形容？

她寝的是全部以金龟、银鳌支撑的"琉璃玳瑁等床"，用的是五色玉器雕琢的什合[3]，以及百宝所制的圆案，其堂中设有连珠之帐、却寒之帘、犀簟牙席和龙罽凤褥。同昌公主的连珠帐为珍珠所串，有趣的是，连珠帐后来被曹雪芹写入《红楼梦》的第五回中，成为宝玉初次做春梦之前的意象之一。

却寒帘为不知出自何国的却寒鸟骨所制。又有鹧鸪枕、翡翠匣，以及神丝绣被：鹧鸪枕以七宝合成为鹧鸪状；翡翠匣以动物皮毛以及鸟兽的羽毛点缀；五色辉焕的神丝绣被上绣有3000只鸳鸯，并间以奇花异叶，其上缀有状如粟粒的灵粟之珠。

公主的珍异饰物蠲忿犀圆如弹丸，入土不朽烂，戴之令人忿恨嗔怒俱消；如意玉类似于桃子，上有7个小孔，通体温润透亮至极；九玉钗上饰有9只姿态各异、五彩辉映的鸾凤，其上镌刻着"玉儿"二字，工巧妙丽。又有瑟瑟幕、纹布巾和火蚕绵等物，其中前二者为异域贡奉。瑟瑟幕用一颗颗硕大的珍珠所制。即使天降暴雨，身处幕后的人也不致湿溺；纹布巾即手巾，洁白如雪，异常光软，沾水不湿，使用超过一年也不会滋生垢腻；火蚕绵源于传说中的仙山炎洲，絮一袭衣衫只需耗费1两绵，当时的1两相当于今天的41.3克。[4]身着用火蚕绵[5]所絮之衣，热气不

---

① ［唐］苏鹗：《杜阳杂编》卷下。

② ［唐］苏鹗：《杜阳杂编》卷下。

③ 大概是一种收纳盒。

④ 罗竹风主编：《汉语大词典缩印本（下卷）》，第7776页。

⑤ 蚕丝结成的片或团。

能近身。①

公主以七宝步辇为座驾，四围缀以五色香囊。香囊内贮异国所献的辟寒香、辟邪香、瑞麟香和金凤香，还杂以龙脑、金屑等物，外缀水晶、玛瑙，以及用辟尘犀所刻镂的龙凤花。步辇顶部再用以珍珠、玳瑁所络的珍贵饰物笼罩，"又金丝为流苏，雕轻玉为浮动"。公主每一出游，则"芬馥满路、晶荧照灼，观者眩惑其目"。②

步辇图③（局部）
唐代阎立本绘　故宫博物院藏

一日，韦氏家族相会于广化里。恰逢暑气甚重，于是公主命侍女取出澄水帛，以水蘸湿后悬挂于南面的窗户上，未几满座诸位顿觉心旷神怡，神采奕奕。澄水帛"长八九尺，似布而细，明薄可鉴"④，因含有龙涎香，故可消暑。公主还有一颗夜光珠，时常以红色的琉璃盘盛装，入夜后令僧祗捧立，堂中熠熠生辉，光明如白昼。

虽然，韦府每餐玉馔俱列，懿宗还唯恐不合爱女之意，三天两头遣使往公主广化里的宅邸传送御馔汤物，往来的使者相继于道。懿宗御赐的品目如下：肴馔

---

① ［唐］苏鹗：《杜阳杂编》卷下。

② ［唐］苏鹗：《杜阳杂编》卷下。

③ 《步辇图》所绘的是吐蕃使者朝见唐太宗时的场景。此画中太宗所坐的步辇与苏鹗在《杜阳杂编》中所描述的同昌公主的步辇相距甚远。有学者认为，太宗所坐的并非步辇，而是一种名为腰舆的古代交通工具。详见黄正建：《走进日常——唐代社会生活考论》，第202页。

④ ［唐］苏鹗：《杜阳杂编》卷下。

有灵消炙、红虬脯，佳酿有凝露浆、桂花醑，香茗则冠以绿华、紫英之称，无不精致考究。

灵消炙，"一羊之肉，取之四两"[①]，精心烤制而成，当时的4两约为现在的165.2克。此馔虽经暑毒而不见腐败，依然色正、味美如初。红虬脯之虬并非真虬[②]，而它伫立于盘中却如虬龙一般健硕强韧。"红丝高一尺，以箸抑之无数分，撤则复其故。"[③]红虬脯高达30多厘米[④]，用筷子按压与寻常的肉脯并无差异，但筷子撤回之后即刻回弹，因而可能是动物蹄筋所制。此类饮馔为常人闻所未闻之物，想必是御宴中的极品，而公主家却目之如糠粃。

同昌公主之奢侈独步帝王家，堪称古今天下第一。如此，仅仅是缘于公主的尊贵身份吗？未必尽然。据传，同昌公主自出娘胎后一直不曾开口说话。一天，她蓦地对父亲说了两个字："得活。"当时的李漼在政治上颇不遂心，但不久之后，恭迎他即位的仪仗却从天而降。因此，公主被李漼视为福星，其后更是宠溺无边。[⑤]

毫无疑问，同昌公主的生活为人所艳羡垂涎。然而，就在大婚后的第二年，公主罹患恶疾，医药无救，没多久便撒手人寰了。懿宗悲恸至极，亲制挽歌。公主的身后事铺张至极，不在话下。懿宗甚至令乳母殉葬，并亲自为她撰写祭文。[⑥]

（三）皇帝的作秀方式

唐时，蔬菜的品种尚未全然尽如人意，尤其在冬天，即使宫廷之内也不易尝到

---

① ［唐］苏鹗：《杜阳杂编》卷下。

② 古代传说中有角的小龙。

③ ［唐］苏鹗：《杜阳杂编》卷下。

④ 罗竹风主编：《汉语大词典缩印本（下卷）》，第7763页。唐时的1尺，大尺寸相当于今天的36厘米，小尺则为30厘米。

⑤ ［宋］欧阳修：《新唐书》卷七十七《列传》第二。

⑥ ［唐］苏鹗：《杜阳杂编》卷下。

新鲜的时蔬。所以，野菜恰到好处地装点了唐代人的餐盘。当时，人们最常采食的野菜包括莼①、蕨②、藜③、藿④、薇⑤、荠⑥、蓼⑦和马齿苋等。藜与藿往往并称，入口味同嚼蜡，因此被视为贫贱之菜。

有时，皇宫也食用一些寡味的野菜作为体恤百姓疾苦，体验民间生活的一种方式。唐德宗即位初期，深为崇尚礼法，曾经号召众位朝廷官员食用"不设盐酪"的马齿羹。⑧天子既然号令群臣食野菜，本人必然会身先士卒，吃腻了八珍玉食，偶尔尝试一下山肴野蔌亦别有一番滋味，还可博得民心，一举两得。

马齿苋

马齿苋的味道，脆润柔嫩、肥厚多汁，爽滑中略带酸味。如果煸炒或凉拌后食用，此菜中的酸味甚重，因而更适宜做汤，不少地方也用它来下面。此菜有清热解毒，凉血、止血、止痢之效，享有长寿菜、长命菜的美名，深谙养生之道的唐人必定不会对它鄙夷不屑。然而，德宗呼吁臣下食用的马齿羹，既不加盐，又未设酪，着实令人勉为其难。设酪？且慢，难道唐代人也广泛食用类似于蔬菜沙拉那样的食物？

确实如此。唐人食酪的现象相当普遍，后世大多难以企及。酪是精炼提纯后的

---

① 莼菜，又名马粟、水葵、马蹄草等，以嫩茎和嫩叶供食用，为江南"三大名菜"之一。中医认为本品有清热解毒、利水消肿之效。

② 蕨菜也叫拳头菜。别称蕨菜、如意菜、狼萁，是一种野生蕨类植物蕨的嫩芽，在中国大陆以及东南亚有广泛分布，部分种类可食用。

③ 亦称灰菜，属藜科，南北均有，其幼叶可食。

④ 指豆叶。

⑤ 一年生或二年生草本植物，结荚果，中有种子五六粒，可食用，嫩茎和叶可做蔬菜。

⑥ 荠菜的药用价值很高，性味甘平，具有和脾、利水、止血、明目等功效。

⑦ 一年生草本植物，叶披针形，花小，白色或浅红色，果实卵形、扁平，生长在水边或水中。茎叶味辛辣，可用以调味。全草入药。亦称水蓼。

⑧ [唐]赵璘：《因话录》卷一，清文渊阁四库全书本。

乳制品，唐人甚嗜之，是一种极为普遍的调味品。他们不仅在面点与蔬果中调入乳品，还用它来拌饭，诗人白居易就喜食这种调入乳品的米饭。"稻饭红似花，调沃新酪浆"①，酪浆是牛、羊，以及马等动物的乳汁。白先生还喜欢在粥里调入乳制品，"融雪煎香茗，调酥煮乳糜"②即可为证。

将乳品调入米饭、米粥的饮食习俗根本不算一种怪癖，他们甚至还将牛肠胃中的草料作为饮品的调料。大唐岭南一代的容南人好食肥美的水牛肉，或炮③或炙，开怀大啖之后，必定以盐、酪、姜、桂等与蒕调和之后饮用。蒕通常指捣碎的姜、蒜、韭菜等，而此处的蒕，唐代的地理杂记《岭表录异》点明是指牛肠胃中已消化的草料。④我曾对此心生疑惑，再度查阅史籍后确认它是水牛肠胃中之物无疑！

其实，祖国南方某些地区依旧完好地保留着这种令人瞠目结舌的饮食习惯。10余年前，我的一位朋友去贵州旅游，发现当地百姓将一种呼为百草汤的食物视为养生上品。百草汤，即牛瘪，其制作工序繁杂，大致如下：将牛宰杀后，取牛胃及小肠内尚未完全消化之物，沥出其中的汁液，加入牛胆汁及五味后再用文火慢炖而成，这种汤被人们谐谑为"牛屎火锅"。据当地农民讲，百草汤事实上并不脏，因为牛吃百草，而且其中不少为草药，牛胆又具有消炎之效。因此，百草汤既是一道独特的靓汤，也是一味消炎解毒、健胃祛热的良药。即便如此，又有几人能在它面前勇往直前呢？

想来全球炙手可热的猫屎咖啡，其思路也非现代人开创，也许还与唐代的牛屎汤渊源颇深呢！

猫屎咖啡，又称麝香猫咖啡，产于印度尼西亚，是全球最昂贵的咖啡之一。此物由麝香猫食用成熟的咖啡果实后，经消化系统的加工再排出体外。据说，如此发

---

① ［唐］白居易：《二年三月五日斋毕开素当食偶吟赠妻弘农郡君》，《全唐诗》卷四百五十九。

② ［唐］白居易：《晚起》，《全唐诗》卷四百五十一。

③ 古作"炰"，把带毛的肉用泥包好放在火上烧烤。

④ ［唐］刘恂：《岭表录异》卷上，清武英殿聚珍版丛书本。

咖啡果实　　　　　　　　　麝香猫　　　　　　　　猫屎咖啡商标
　　　　　　　　　　　图片来自"视觉中国"

酵所得的咖啡味妙无穷，故而在国际市场上价格不菲。

（四）天子如何开展团建？

　　在唐宫里，研究美食是几大御膳督办机构的天职所在，但是，大唐天子们时常也会心血来潮，踊跃尝试食物的新奇吃法。唐玄宗曾创制一款滋补的羹醢类美馔，谓之热洛河。热洛河精选新鲜射杀的幼鹿为原材，取鹿血配以鹿肠熬制而成。《卢氏杂说》提及，玄宗还将此羹赐予宠臣安禄山和武将哥舒翰[①]以示特殊恩宠。显然，此馔与"热洛河"这一称谓风马牛不相及，那么玄宗因何要将其命名为热洛河呢？

　　今天的关中方言中仍存在不少汉唐遗韵，当地方言中，"洛"与"烙"同音，"热"又与"烙"同义。有学者认为，可以把"烙"引申为人与人之间亲密的关系。安禄山与哥舒翰两人素来不和，天子时常在其间斡旋调停。玄宗以热洛河之名，并且赐予安禄山、哥舒翰二人，暗示着希望他们消除嫌隙之意。[②]

---

① 西突厥别部突骑施的首领，哥舒部人。

② 闻锐：《"热洛河"究竟为何意？》，《史学月刊》1990年第6期。

（五）玄宗宝刀不老的秘诀

鹿在饮食史上是一种上档次的野味，《红楼梦》一书中，钟鸣鼎食之家的贾府也曾以鹿肉为美食隽品。鹿血有养血益精之效，数年前热播的电视剧《武媚娘传奇》也涉及一种含有鹿血的滋补靓羹——甘露羹。它是以鹿血、鹿筋加何首乌炖熬而成，食用后可令白发变黑。

唐宫确实有甘露羹，玄宗时常把它赐予奸相李林甫。一日，李林甫见户部员外郑平白发如兀，唏嘘不已，对他说："上当赐甘露羹，郎其食之纵当，华皓必当鬓黑。"[①]次日，传送天子赐食的中使果然来临。赐食中真的有一道甘露羹，于是林甫将羹赠予郑平。郑平食后立竿见影，"一旦发毛如磐"[②]。磐，即黑色美石。甘露羹或许有黑发的功效，但食讫一宿后就发毛如磐，显然是耳食之论。

（六）天子的包子是什么馅儿？

唐人赵宗儒供职于翰林院[③]时，曾听内廷的中使提起天子尤嗜以玉尖面为早馔，且此物以消熊、栈肉为陷。赵宗儒便追问其形制，中使说道："盖人间出尖馒头也。"[④]赵又问"消""栈"之意，对方答曰："熊之极肥者曰'消'，鹿以倍料精养者曰'栈'。"[⑤]

可见，此处的玉尖面是一种面食，以肥硕结实的壮熊和悉心喂养的肥鹿为馅儿，大致相当于现在的肉包。其不同之处在于内馅更为考究，连靡衣玉食的天子都"甚嗜之"，想来必非凡品。我曾亲手尝试制作肉包，无奈技艺不精，其褶皱部分不管如何处理也无法收缩成完美的鸟巢形，只好将它捏得尖锐挺拔，不知玉尖面之名

---

① ［宋］李昉：《太平御览》第八百六十一《饮食部》十九。

② ［宋］李昉：《太平御览》第八百六十一《饮食部》十九。

③ 翰林，即文翰之林，唐代开始设立的各种艺能之士供职的机构。

④ ［宋］陶谷：《清异录》卷四。

⑤ ［宋］陶谷：《清异录》卷四。

是否也与此有一定的关联。

贞观年间[1]，唐太宗听说武氏有才貌，便将她纳入宫中。武氏入宫前，寡居的母亲杨氏悲啼不止。武氏劝慰道，进宫侍奉圣明君主，岂知非福？为何还要哭哭啼啼，作儿女之态呢？临行之际，杨氏为女儿亲手烹制玉尖面。相传，此后每逢武则天诞辰之日，她必定要食用玉尖面。武氏主政时期，大兴告密之风，重用大批酷吏。李唐宗室几乎被杀戮殆尽，其幼弱幸存者亦流亡南国。据说，逃亡南方的大唐宗室后裔依旧保留食用玉尖面的旧俗。他们对武氏深恶痛诋，誓要食其肉，啃其骨。于是，牛肉削薄后扎针，过滚水，盖于面上后再食之。如今已时过境迁，虽有此一说，未必可信。

二、炊金馔玉待鸣钟

（一）用全羊当炊具的菜

烤为唐人惯用的烹饪手段，他们经常烤饼、烤羊、烤鹅、烤鸡、烤虾、烤牲畜舌头、烤鹌鹑等。这些都是小菜一碟，烧烤中极为奢侈的大概要数浑羊殁忽。

大唐京城里的军爷们爱食童子鹅，每只价值二三千钱。每次设宴，都按人数去拿鹅，燖[2]去毛，取出五脏，往里面填上肉与糯米饭，再经五味调和。之后，抓来一只羊，亦将其剥皮、去脏腑，随后将妥善处理的童子鹅放入羊腹中，缝合好置于火上炙烤。羊肉若熟，从羊腹中取出童子鹅，捧在手中就可开怀大啖了。至于那一整只羊，便一把被掷出军帐外了，此馔名浑羊殁忽。[3]羊在其中扮演的角色充其量只是一个烤炉以及一味佐料而已，实属暴殄天物，想必也只有唐人方有如

---

[1] 公元627—649年。

[2] 用开水烫后去毛。

[3] [宋]李昉：《太平广记》卷二百三十四《食》。

此豪举。

（二）唐人如何烹调骆驼？

1.驼蹄羹

唐诗千古名句"朱门酒肉臭，路有冻死骨"之前，有一句"劝客驼蹄羹，霜橙压香橘"，都出自杜甫的长篇诗作《自京赴奉先县咏怀五百字》。在帝国黯淡下来的布景上，玄宗与贵妃肆无忌惮的欢歌笑语让感时忧怀的诗人心痛不已。

诗中谈及的驼蹄羹，是一道以骆驼足掌为原料烹煮的羹醢类美馔。骆驼不是中原的传统物种，大多生活在塞外的草原荒漠地带。为避免远程传驿而导致腐败，驼掌须经红曲浸泡处理。驼掌为结缔组织，其炮烹方式为文火煨烂，切片后加五味烹煮成羹醢，或者也可用来制成驼蹄餕饼。

相传，三国时期曹植创制驼蹄羹，号七宝羹。"一瓯费千金"[①]的驼蹄羹为历代簪缨世族、豪门府邸等社会上层款待贵宾时的肴馔。所以，此羹就被杜甫用来表现长安豪家穷奢极欲的生活作风。唐代以后，驼蹄羹经文人骚客的吟咏而声名鹊起。

今天的西安也有驼蹄羹，由西安市烹饪研究所与曲江春饭店的大厨们联袂研究仿制。驼蹄羹主料为驼蹄，佐以香菇等清新爽口的蔬菜，调料突出姜、葱和胡椒等。驼蹄羹汤汁浓稠，入口清香，美妙绝伦。不少陕西人视此馔为宴饮第一菜。

2.驼峰炙

大唐长安城有一道堪与驼蹄羹媲美的佳肴——驼峰炙，至元代，这两道名菜已置身于"八珍"之列。唐代段成式的《酉阳杂俎》记载，将军曲良翰擅长于炮烹驼峰炙。[②]炙为唐代人常用的烹调手法之一，尤其是荤腥类食物。驼峰炙与萧家馄饨、庾家棕子以及韩约能家的樱桃饆饠齐名并价，踏入彼时长安的衣冠名食行列。

---

① ［宋］黄鹤：《补注杜诗》卷二，影印文渊阁四库全书，台湾商务印书馆，公元1983—1986年，第1069册，第661页。

② ［唐］段成式撰，许逸民校笺：《酉阳杂俎校笺（二）》卷七《酒食》，第607页。

（三）唐人修仙必备菜

生活在唐代后期的李德裕[1]，曾被唐宣宗一贬再贬，从宰相至司马，再到参军，从京都到潮州，再到崖州。在唐代，李德裕是继杨炎、韦执谊之后被贬崖州的第三位宰相。据说，李德裕还在崖州祭拜过韦执谊的坟墓。历经宦海沉浮的李德裕早已对现实心灰意冷，只有将余生寄托在缥缈虚无的成仙之路上，所以他研制出李公羹这道菜。李公羹用珍玉、宝珠、雄黄、朱砂、海贝煎制而得，每杯羹竟然需要耗费三万

西安驼蹄羹

钱。在古人眼中珍玉、宝珠等物永生不腐，而雄黄、朱砂则为众人熟知的炼丹原料，有着辟邪、防腐的功效。于是，他们将此类物质与摄生之效附会起来，认为服食这些东西可吸收其不朽，从而使血肉之躯永存。毫无疑问，李公羹是李德裕眼中的一道修仙必备菜。

（四）一道名副其实的山珍海味

李公羹之外，唐代还有冷蟾儿羹、不乃羹、双荤羹，以及十远羹等，举不胜举，此处仅以十远羹为例。《格致镜原》引《清异录》十远羹，其法为：选用石耳、石发[2]、石线、海紫菜、鹿角脂菜、天花蕈、沙鱼、海鳔白[3]、石决明，以及虾魁脂等十品山珍与海味为主要食材，先将石决明、虾魁脂和天花蕈浸渍，泡发后自然水澄

清，与鸡、羊以及鹌鹑三者所炖煮的汤汁调和，盐酒适量，多汁为上。若是十品不足，听阙，切忌混入别物，以免不伦不类，风韵尽去。[1]

石决明即鲍鱼的别名，唐人视其为美馔。鲍鱼的口感近似海螺，本身并没有什么特别的味道，做成羹汤却鲜美无比。江浙一带的酒席上，蒜茸粉丝蒸鲍鱼最为常见，此馔与海水大龙虾一样，成为婚宴上必不可缺的一道菜品。十远羹中的天花蕈也曾在韦巨源的烧尾宴上现身。至于鸡、羊、鹌鹑等荤物的汤汁，充其量只是此羹的几味佐料而已。十远羹是一道齐聚了各色山珍海味的珍贵美馔，相较而言，《红楼梦》所言及的贾府之上等珍馐——茄鲞[2]，还是颇显寒碜了。

（五）虢国夫人家的甜点

虢国夫人府上有一位名为邓连的厨吏，透花糍是其甜点名作。透花糍精选"炊之甑香"的吴兴米与"食之齿醉"的白马豆为食材。先将烂熟豆泥中的豆皮过滤，再添加调样制成精制的豆沙，美名为灵沙臛。再将吴兴米炊熟，捣成糍糕，以做成花型的灵沙臛为馅料，谓之透花糍。[3]透花糍整体呈现半通透状，灵沙臛精巧的花形在其间若隐若现，相当别致。咀嚼之际，糯米的软糯清香与豆沙的细腻软滑在齿间绵缠交融，顿时俘获食客们的味蕾。

唐代的高官侯门大多是苛刻的食客，他们的庖厨、膳堂、管事、食谱等都完美到无懈可击。

譬如，开元年间[4]袭封郇国公的韦陟，生活奢靡，尤精馔事，府里厨子所烹的

---

① ［清］陈元龙：《格致镜原》卷二十四。

② ［清］曹雪芹：《红楼梦》第四十一回《贾宝玉品茶栊翠庵，刘老老醉卧怡红院》："凤姐儿笑道：'这也不难。你把才下来的茄子，把皮刨了，只要净肉，切成碎钉子，用鸡油炸了，再用鸡肉脯子合香菌、新笋、蘑菇、五香豆腐干子、各色干果子都切成钉儿，拿鸡汤煨干了，拿香油一收，外加糟油一拌，盛在磁罐子墓封严了，要吃的时候儿拿出来，用炒的鸡爪子一拌就是了。'"

③ ［唐］冯贽：《云仙杂记》卷二。

④ 公元713—741年。

佳肴为人所称道，时人以"郇国厨"称之。又如，唐中宗时期"迁尚书左仆射"的韦巨源，举办盛大的烧尾宴以谢皇恩，足以证明韦相公官邸中的大厨不可小觑。

再如，唐代后期以豪侈著称的丞相段文昌，其宅第内设有颇为考究的庖厨，题额为"炼珍堂"；外出公干所住的馆驿内供食的厨房则名曰"行珍馆"。两者都由一位厨艺造诣极高的老婢主持掌控。该老婢即大名鼎鼎的膳祖，她被后世誉为中国古代"十大名厨"之一。膳祖亲授女仆，40年里阅百婢，在其眼中仅有9人可继承衣钵。此外，段文昌还自编《食经》五十卷，因其封过邹平郡公，故又称《邹平公食宪章》。① 段文昌之子段成式② 撰写《酉阳杂俎》一书，其中的《酒食》篇大概有不少是源自段府中膳祖的饮馔佳作。不过，段成式并非饱食终日之徒。他痴迷于佛经，有弃世厌俗之心，又深工诗文，与李商隐、温庭筠齐名，可谓一代名隽。

值得一提的是，唐人精于饮馔的社会风习造就了餐饮业的蓬勃崛起，长安东西两市以及坊中和近郊的酒肆或食铺星罗棋布。唐德宗时期，东西两市已有礼席，"三五百人之馔，常可立办也"。③

三、绮阁宴公侯

据传，唐代宫廷有一种"自来酒"，当时的美酒与今天的自来水一般，可通过特制的管道源源不断地畅流至筵席上，恰到好处地涌入宾客的酒樽内，故美名其曰为自来酒。"不分华夷，兼爱如一"的天可汗唐太宗曾两次以匠心独运的自来酒款待北方民族。帝王在宫墙内的自来酒，引发皇亲贵胄们的追捧。

大概杨贵妃之姊虢国夫人如法炮制了唐太宗的自来酒会，她命人将鹿肠高悬于

---

① ［宋］陶毂：《清异录》卷四。

② 段成式（803—863），字柯古。晚唐人，祖籍邹平。唐代著名志怪小说家。

③ ［唐］李肇：《唐国史补》卷中。

房梁，而后往梁上引美酒至鹿肠内，酒水自此流入酒杯之中。虢国夫人还为这个自动灌酒的设备特赐一个雅号——洞天圣酒将军，又称洞天瓶。[①]

显然，社会中的宴饮不可避免地会发生相互影响。宫廷饮馔大致通过廊下餐，帝王赐宴、赐物，以及御厨流落民间等多种途径传出宫外，人们以争相仿效宫廷宴集为时尚。

（一）哪位天子最爱请客？

天子们时常宴飨群臣，君臣同乐，以期"劝勋劳"、"待贤彦"，达到维护共同统治的目的。有研究者根据两《唐书》的《本纪》部分列出了皇帝的"赐宴情况表"[②]。其中大酺次数武则天最多，这与女皇的政治生涯休戚相关。一则能窥视朝中官员的不臣之心，二则能笼络人心。唐玄宗的御赐中，大酺频率仅次于祖母武则天，必定与当时的国家财富及其宠幸臣下的政治作风密切关联。唐代后期帝王赐宴几率较低，相对来说，文宗宴请官员频度较高，可能与唐末的政治局势相干。甘露之变，文宗诛灭宦官势力以失败告终，大唐社稷将倾，文宗回天无力，就只有纵情于宴集酣饮以灰身泯智。有人说，盛唐转入中晚唐，一切都往下坠跌：唯有宴饮，不减盛唐时的欢快与热烈，想来不无道理。

（二）宠臣会得啥赏赐？

帝王对宠臣的恩赐也是宫墙内外食物交流的一种途径。臣下每荷圣恩，必定奉上《状》以叩谢天恩。

李林甫撰写的诸多谢恩《状》中言及玄宗所赐诸物，如粳米、面、鹿肉、参花蜜、鲅鱼、鲗鱼、鲂鱼、鲑鱼、车螯、蛤蜊、生蟹，以及白鱼等。[③]此外，还有金

---

① ［唐］冯贽：《云仙杂记》卷六《酒中玄》。

② 黄正建：《走进日常——唐代社会生活考论》，第106页。

③ ［清］董诰等：《全唐文》卷三百三十三《为李林甫谢赐车螯蛤蜊等状》。

《演乐图》①
唐代周昉绘
台北故宫博物院藏

① 此图表现唐代贵族的雅致生活，彼
时的坐具与坐姿发生巨大的变化，
高桌大椅普及，垂腿坐成为一种合
乎社会礼仪的新坐姿。

盏、金匙、平脱等器物。

玄宗赏赐李林甫的这些食品，既有日常主食米与面，而更多的是"或承海味，或降珍鲜"。①《状》中还提到宫内的炮烹诸事，以海味珍鲜为例，这些食材无需依赖花椒、桂皮等香辛佐料来提味，而是单靠盐梅调味，大多取食物的本鲜。②盐、梅二物，一咸一酸，是中国古代基本的调味品。梅子在日本人的膳食结构中也曾扮演着举足轻重的角色，旧时，日本贫民经常在米饭表面放一颗梅子，就着它把整碗米饭吃完。盐梅能调和百味，后来逐步引申为辅佐天子的良将贤臣，这也是唐诗中的一个重要文化意象。

唐人食用荤腥时还有另一类新奇的果味调料，称作橙膏或橙齑。③唐诗中有"橙膏酱渫调堪尝"④，"青鱼雪落鲙橙齑"⑤，以及"灵味荐鲂瓣，金花屑橙齑"⑥等句，可见橙膏、橙齑大约专为食荤腥而设。在唐人看来，橙子与时鲜的结合实乃珠联璧合。

玄宗对安禄山恩宠莫比，赏赐无数，其御赐中，与宴饮相关的品目有：桑落酒、阔尾羊窟利、马酪、音声人两部、野猪酢、鲫鱼并鲙手刀子、清酒、余甘煎、辽泽野鸡、蒸梨、金平脱犀头匙箸、金银平脱隔馄饨盘、金花狮子瓶、平脱著足叠子、金大脑盘、银平脱破觚、八斗金镀银酒瓮银瓶、银笊篱、银平脱食台盘，以及油画食藏等。此外，贵妃也赐予安禄山金平脱装具玉合、金平脱铁面碗。⑦

玄宗赐予安禄山鲫鱼的同时，连精于切鲙的大厨与刀子都一并相赠，简直像一位宠溺晚辈的长者。鲙是将鱼细剁细切后所凉拌的肴馔，即现代人最熟悉不过的生

---

① ［清］董诰等：《全唐文》卷三百三十三《为李林甫谢赐车螯蛤蜊等状》。

② ［清］董诰等：《全唐文》卷三百三十三《为李林甫谢腊日赐药等状》。

③ 大致是橙泥，或橙泥加捣碎的姜、蒜等其他调料。

④ ［唐］唐彦谦：《蟹》，《全唐诗》卷六百七十二。

⑤ ［唐］王昌龄：《送程六》，《全唐诗》卷一百四十三。

⑥ ［唐］孟郊：《与王二十一员外涯游枋口柳溪》，《全唐诗》卷三百七十六。

⑦ ［明］焦竑：《焦氏说楛》卷四，明万历刻本。

鱼片。

鎏金银棱平脱雀鸟图案花纹秘色瓷碗

陕西省考古研究院等编著:《法门寺考古发掘报告(下)》,彩版图一九七

唐代鎏金熊纹六曲银盘

陕西历史博物馆藏

鎏金海兽水波纹银碗

何家村出土　陕西历史博物馆藏

唐代鎏金折枝花纹银盖碗

何家村出土　陕西历史博物馆藏

唐代鸳鸯莲瓣纹金碗

陕西历史博物馆藏

　　唐初,太子李建成游温泉宫时,有人敬献生鱼,太子便召来饔者切鲙。彼时,唐俭与赵元楷等都在座,皆自诩擅长"飞刀鲙鲤"。[①]唐人把切鲙的技艺发挥到炉火

① [唐]刘肃:《大唐新语》卷十一。

纯青的境界，与其说他们在切鲙，倒不如说这是一种才艺展示。人们捕获活蹦乱跳的鲜鱼之后，洗净并吸干水分。厨子以快刀将鱼肉切成雪花薄片，把鱼骨丢弃，再配以细切的葱花，鲜美绝伦，食之不忘。这就是杜甫诗中所盛赞的"无声细下飞碎雪，有骨已剁觜春葱"[①]。

中国人食用鱼鲙的历史至少可追溯至三国时期。三国时的广陵太守陈登得病，症状为胸中烦懑，面赤不食。经华佗诊断后，说他"胃中有虫数升，欲成内疽"[②]，是生食腥物所致。华佗为他备好汤药，"食顷，吐出三升许虫，赤头皆动，半身是生鱼脍也"。[③]华佗断言，此病三年后必定复发，若遇良医方可得救，否则必死无疑。果然不出所料，陈登发病时华佗恰巧不在，如言而死。

天子御赐诸物中还有各种金银器，它们是唐代贵族最爱的日用器物。平脱是唐人打造金银器颇为常见的一种工艺。将金银纹饰用胶漆平粘于素胎之

唐平脱漆器银饰片
郑州博物馆藏

上，空白处填漆，再加以细磨，使粘上的花纹与漆面平齐，即为平脱。唐代的平脱器颇为精致考究，且有存世，后人方有幸一睹其风姿。遗憾的是，五代以后，此法渐趋衰落。

四、洋味十足的唐朝

随着时光流逝，最初跻身宫廷的皇家御菜逐渐流出宫外，辗转无穷、望风披

① ［唐］杜甫：《阌乡姜七少府设脍，戏赠长歌》，《全唐诗录》卷二十七。
② ［晋］陈寿：《三国志》卷二十九《魏书》二十九，百衲本景宋绍熙刊本。
③ ［晋］陈寿：《三国志》卷二十九《魏书》二十九。

靡，或漂洋渡海，或穿越茫茫大漠，带着各自的使命，为天下人送去大唐的食味。

南唐时期，一位失其姓名的御厨流落金陵，是“唐长安旧人”①。他跟随中使至江表未还，遂留下效力于宫廷，“御膳、宴设赖之”②。其美馔名作有鹭鸶饼、天喜饼、驼蹄餤、春分餤、密云饼、铛糟炙、珑璁餤、红头签、五色馄饨和子母馒头等，旧法具存。此后，江南王朝之宫廷宴饮“略有中朝承平遗风”③。这位御厨的佳作以面食为主，十有八九为唐宫中的面点师。

宫墙内外的世界是相互“浸染”的，宫外的菜式包括异域的宴饮形式对皇宫的影响也极深，胡地尤甚。

胡风劲吹之下，唐人不仅在宴饮习俗上受其影响，其风潮亦波及至日常生活的方方面面，胡妆、胡服、胡靴、胡床、胡舞、胡乐、胡琴、胡语、胡驹……不胜枚举。在古代，凡来自外国的货品，都冠以一个“胡”字或“番”字，以示区别于中原物产。譬如，直到今天，国人嘴边时常挂着的胡椒、胡葱、胡瓜、胡豆、胡桃、胡萝卜、番茄、番薯等物，都是古人眼中的洋货。在大唐人的饮食文化中，“胡风”显著是其重要特征，它们的融入使唐人食案上的食物更为琳琅满目。

唐代胡人白釉陶俑
台北故宫博物院藏

美国汉学家谢弗在《唐代的外来文明》中论及，虽然说8世纪才是胡服、胡食、胡乐特别流行的时期，但实际上整个唐代都没

① ［宋］陆游：《南唐书》之《列传》卷第十四，四部丛刊续编景明钞本。

② ［宋］陆游：《南唐书》之《列传》卷第十四。

③ ［宋］陆游：《南唐书》之《列传》卷第十四。

有从崇尚外来物品的社会风气中解脱出来。[①]有学者认为，唐代时期的中国文化已经发展到昌盛成熟阶段，任何外来文明的传入并不会消溶本国的文化，反而为之注入新鲜的血液，因为它具有充分的消化吸收能力。

---

① ［美］谢弗著，吴玉贵译：《唐代的外来文明》，陕西师范大学出版社，2005年12月。

第三章

京都饼饵逐时新

大唐是一个"世重饼啖"的朝代。唐代的饼与今天意义上的饼大相径庭，当时的饼，其概念几乎等同于面食。大唐也是一个西餐风靡的时代。西餐，当然也涵盖了现代人眼中的欧洲美食，而更多时候，唐人眼中的西餐往往指西域和北方民族的饮馔——胡食。以面食而论，胡饼和饦饦便是胡食中的翘楚。

一、大唐最亲民的"洋餐"

大唐本国境内当然也有饼，人们把西域传入的饼命名为胡饼以示区别。在众多主食中，胡饼可称得上唐朝北方百姓食用最多的面点。日本僧人圆仁在《入唐求法巡礼行记》提到，会昌元年[1]，僧侣们收到胡饼、寺粥等赏赐。彼时，胡饼在社会上甚是风行。在安史之乱中，胡饼一度成为唐玄宗的救命饼。玄宗离宫逃亡，早上没来得及用膳，至中午时分已经饥火烧肠了，杨国忠便购得数枚胡饼献给唐玄宗充饥。

所谓的"胡饼"究系何物？不少人觉得胡饼的概念等同于现在的芝麻烧饼，其实不然。胡饼的种类很多，至少有大胡饼、小胡饼和油胡饼之分。一般来说，烤制胡饼无需用油，大致相当于新疆烤馕中的素馕。新疆吐鲁番阿斯塔纳唐代墓葬中出土的类似于素馕的食物，估计就是唐代胡饼的原型。油胡饼则可理解为油馕。[2]

文风浅显质朴的白居易作有《寄胡饼与杨万州》一诗。诗中有"胡麻饼样学京都，面脆油香新出炉"[3]之句，胡麻即芝麻，白乐天所言的胡麻饼也许是胡饼在长安本土化后的其中一个变种——芝麻油胡饼。

唐代有一种带羊肉馅的胡饼名唤"古楼子"，为豪家所食，"起羊肉一斤，层布

---

① 公元841年。

② 黄正建：《走进日常：唐代社会生活考论》，第92~93页。

③ ［唐］杨万里：《寄胡饼与杨万州》，《全唐诗》卷四百四十一。

于巨胡饼，隔中以椒、豉，润以酥，入炉迫之，肉半熟而食之，呼为'古楼子'"①。一份标准规格的古楼子至少要耗费1斤羊肉，当时的1斤，相当于现在的661克，②大唐人的豪气在饮食方面处处得以彰显。与今天不同的是，唐代羊肉的食用极其普遍。羊肉之外，各种祛除腥膻之气的调料亦不可或缺，抹上酥油③使肉质愈加丰盈香嫩，烤至半熟即可享用。现在小资们所追捧的西洋餐中，牛排往往烹饪至半生不熟，而咱们的先民们至少在千余年前早已熟稔于此。

左上：
唐代的馕
新疆阿斯塔纳墓出土

右上：
唐代小油馕
新疆阿斯塔纳墓出土

左下：
公元前800年的红柳串羊排
1985年自且末扎滚鲁克墓葬出土

右上：
汉代烤肉串
宁夏汉墓出土

大唐人自己的饼就称为饼，除面糊以外，各类式样不一的面食，都可称其为饼。唐肃宗李亨还是太子的时候，为了向人表现自己俭朴的生活作风，他曾用饼把

---

① ［宋］王谠：《唐语林》卷六。

② 罗竹风主编：《汉语大词典缩印本（下卷）》，第7776页。

③ 从牛奶、羊奶中提炼出的油脂。

切割羊臂臑①时沾满油污的双手擦拭干净后，再"徐举饼啖之"②，一口不剩地将饼吃完。玄宗对此深感意外，不禁喜上眉梢，欣慰地说道："福当如是爱惜。"③李亨借此进一步俘获了父皇的心。

大唐境内的胡饼肆星罗云布，许多长安人喜欢以胡饼为早餐，百姓们习惯晨起后去店门口等候开门，西北地区的百姓则通常在午餐时分食用两枚胡饼。据传，唐代的张桂因出售胡饼而声名鹊起，后竟"炊而优则仕"。

而更多时候，中小胡饼商人在经受生离之苦的同时，时常还要忍受强势权贵的摆布。"东平尉李麐初得官，自东京之任，夜投故城。店中有故人卖胡饼为业，其妻姓郑，有美色，李目而悦之，因宿其舍。留连数日，乃以十五千转索胡妇。"④东平尉李麐发迹以后恃强凌弱，曾以十五千钱的微小代价抱得美人归。

二、唐代的饆饠，何处觅芳踪？

"饆饠"一词源自波斯语，"毕罗者，蕃中毕氏、罗氏好食此味。今字从食，非也"⑤。可见，饆饠原作"毕罗"。

此处有两则关于饆饠的故事：

唐宪宗元和初年⑥，长安东市有一位恶少李和子，屡屡捕杀街坊邻居的猫儿和狗儿食用，因而成为坊市间的一大祸害。所以，众猫犬在阎王那里告了一状，于是阎

---

① 羊前肢的下半截。
② ［唐］李德裕：《次柳氏旧闻》，明顾氏文房小说本。
③ ［唐］李德裕：《次柳氏旧闻》。
④ ［宋］李昉：《太平广记》卷四百五十一《狐》五。
⑤ ［唐］李匡乂：《资暇集》卷下，明顾氏文房小说本。
⑥ 公元806年为元和元年。

王派遣两个鬼卒来索其命。李和子得知此事后怛然失色，一见鬼卒们便扑通一声跪地求饶道："小的既然将死，请二位暂留片刻，小的有薄酒相待。"一番推脱之后，他们前往一家饆饠肆，鬼卒们却掩鼻不肯进门，于是改到旗亭的杜家酒肆。李和子在酒肆中，又是作揖相让，又是独自言语，旁人视之为痴癫。他向伙计索要了九碗佳酿，自饮三碗，六碗虚设于西座，并哀求鬼卒们免其死罪。二鬼面面相觑道："我等既然受君一醉之恩，应当为君出谋划策。"随后起身告辞，临行之际交代道："君办钱四十万，为君延长三年阳寿。"李和子应允，翌日如期备好纸钱焚烧，并酹酒祭奠，只见二鬼挈钱而去。三日后，和子卒。原来，鬼说的三年就是人间的三日。

大唐国子监有一明经[1]，他是一位重度梦游症患者。一天，这位明经青天白日在睡大觉，梦见自己走到国子监门口。此时，有一位黄衣人来问其姓名。他告诉来人后，那人笑着说，你明年春天会及第。明经大喜，邀上邻房的五六位好友，前去长兴里的一爿饆饠店小酌。霎时，一阵犬吠声惊扰了他的美梦。他觉得十分诧异，即刻与邻房数人诉说其梦境，此时忽闻饆饠店伙计的声音，于是明经问其来意，伙计回答道："郎君与诸位客人食用了二斤饆饠，为何不结账一走了之呢？"明经闻言大骇，并随之前往饆饠店验证其梦，"相其榻器，皆如梦中"，便问店主："我的客人们吃了多少？"他回答说："他们一口也没吃，大概是嫌饆饠里放了太多蒜。"

这两则故事被收录在段成式的《酉阳杂俎·续集》之《支诺皋》中。生活在唐代的段成式，必定对饆饠了如指掌。由这两则故事可知，饆饠是一种按斤出售且较为高档的消费品，往往被人们用以待客，通常蒜味浓重。

饆饠可随个人喜好包裹各色各样的馅料，食用樱桃、蟹黄和天花蕈[2]等馅儿的饆饠是大唐社会中上层吹送的时风。

诸多饆饠店中，以韩约能家的招牌最为响亮。该店的樱桃饆饠名声大振，其特

---

① 唐时以经义所取之士。

② 天花蕈这种植物在中国古籍中有多处记载，又名天花、天花菜、天花菌、天花蘑菇（摩姑）等，产自五台山、雁门和庐山等地。

色在于饆饠做好以后，樱桃的色泽鲜嫩如初。①蟹黄饆饠主要以肥壮的母蟹为食材，赤色母蟹壳中的蟹膏如蛋黄那般黄澄澄的，母蟹的肉质嫩白似猪油，再淋一层调料于表面，用细面皮一裹，就是一道"珍美可尚"的蟹黄饆饠了。②烧尾宴上有一种以"九炼香"作馅的天花饆饠，九炼香究系何物尚未明确，可能由羼入多种香料的天花蕈精制而成。毋庸置疑的是，能够在烧尾宴上出现的美馔，自有其独胜之处。

饆饠还是大唐军中的主食，与胡饼一样自西域而来。两者相较，饆饠的层次较高，而胡饼的食客更广。

饆饠的庐山真面目究竟是怎样的呢？

饆饠为唐代的新兴食物，是食学界至今还存在争议的一种古老而神秘的食品。关于饆饠，有抓饭、面条、面点三种主流观点。学者陆睿认为，饆饠绝非抓饭，发展到后世成为一种饽饽类的面食，可能为有馅、无馅，甚至可以指包子或馒头，这些称呼因时因地而异。③另外，国内隋唐史专家黄正建指出它是一种馂饼，即带馅的面点。④

唐人增编的字典《玉篇》以及宋人续修的韵书《广韵》都收录有"饆饠"条目，分别提到饆饠属于饼或饵。在古代，饼与饵同义，都指面点，因而饆饠当属面点无疑。此外，唐代僧人慧琳言及，"馂饼，饆饠之类"⑤。《武林旧事·蒸作从食》又透露出馂饼的种类多样、名目不一。⑥

显然，饆饠不是抓饭或面条，而应当与馂饼是同一类食物，即一种夹馅的面点。

新疆阿斯塔纳墓葬中，有不少唐代面点的出土。一些观点认为，图中圆筒状的

---

① ［唐］段成式撰，许逸民校笺：《酉阳杂俎校笺（二）》卷七《酒食》，第607页。

② ［宋］李昉：《太平御览》卷第九百四十三《鳞介部》十五。

③ 陆睿：《抓饭还是饽饽？——饆饠考》，《新疆大学学报（哲学社会科学版）》，2015年第3期。

④ 黄正建：《走进日常：唐代社会生活考论》，第94页。

⑤ ［唐］释慧琳：《一切经音义》卷第三十七，日本元文三年（公元1738年）至延享三年（公元1746年）狮谷莲社刻本。馂饼，或作饸饼。

⑥ ［宋］周密：《武林旧事·蒸作从食》卷六："诸色馂子。"

食物为餺餺。而笔者以为，这款面食的形制倒更像唐代的饼餤①。不过，无论是餺锣还是饼餤，都属于餚饼的范畴。

在今天浙江的台州，有一种被本地人称为"歇饼"②的夹馅面点，央视将它定名为食饼筒。在当地方言里，"食"字音较长，而"歇"字音甚短促，显然不应该作"食"字，那所谓的"歇饼"究系何物呢？

今天南方的方言里保留了许多古音，可是经过千余年的岁月，有些词汇的发音产生了讹误的现象。比如，地处南方的台州与宁波等地，将膝盖称作"膝踝头"，现在的发音听起来极像"脚块头"。餚饼，即餄饼。"餚"与"餄"二字都念"夹"，与台州人口中的"歇饼"发音颇有几分相似。因而，台州人所谓的"歇饼"，也许正是餚饼历经千余年后的讹音，或可将它视为餚饼在后世的一个变种。

所以，本章有必要多费点笔墨对其加以细致描绘，可暂且称之为台州"歇饼"。

唐代面点
新疆阿斯塔纳墓出土　新疆博物馆藏

台州"歇饼"

依据面皮选材与制法的不同，台州人分别称其为"歇饼"、麦饼，以及麦油煎，三者皆以小麦粉为主要原料，当地人或将之统称为"歇饼"。它们不过只是面皮的选料以及烹制手法上的微小差异，馅料并无二致，却兼得其妙。

在台州，"歇饼"与麦油煎都为纯麦粉所制。麦油煎也叫麦油脂，其面皮用油

① 饼餤是一种圆桶状并裹有各种馅料的面食。详见本书第一章《鱼跃龙门上烧尾》"唐安餤"部分。

② 音。

煎制而成。唐代的《一切经音义》有"馎饼，馎饦之类，着脑油煮"①的相关描述，显然，馎饼或馎饦的烹调也离不开油脂。相较"歇饼"与麦饼而言，麦油煎更显厚实，而"歇饼"与麦饼的面皮几乎无油且甚薄。尤其是"歇饼"，其面皮的做法近似于山东的杂粮煎饼，却薄如蝉翼，所以包裹馅料的时候通常需用两张。

从制作手法来看，麦饼最为复杂，其选材也最有地方特色，故此处仅以麦饼而论。

台州麦饼
2017年5月作者自摄于温岭

台州麦饼
作者自摄

紧邻台州地区的温州也有一种远近闻名的麦饼，因来自温州下属的永嘉县而称永嘉麦饼。从烹制方式来看，永嘉麦饼远远不及台州麦饼纷繁复杂。从馅料上来看，永嘉麦饼一般仅以梅干菜肉末或咸菜肉末为馅，而台州麦饼的"夹头"②却是五花八门。所以，台州麦饼本质上并不是一般意义上的麦饼。

台州女子的美食名作甚多，麦饼是她们的独门绝活之一。打算做一次台州麦饼，从冬末春初就要开始筹划了。麦饼的面皮中，含有一种较为罕见的食材。由于它紧贴地面生长，盛开时的小花呈嫩黄色，台州人称之地梅③或黄花。以梅命名，

---

① ［唐］释慧琳:《一切经音义》卷三十七。

② 台州人对馅料的称呼。

③ 台州方音。

细叶鼠曲草

也许并不是因为它形似梅花。这种野花的名字尤为接近当地方言里的"每","每"是人们对一切圆形小物件的通称。比如小孩哭闹的时候,大人们常常会如此哄逗:"'每每'八尔……"①

其实,台州人口中的地梅就是细叶鼠曲草,也称天青地白草、磨地莲或小火草。

每年深冬,地梅在田间埂畔悄然滋长。可作为食材利用的地梅采摘时间甚短,要趁鲜嫩的时候去掐尖儿,最好在浅黄色的花朵尚未转深之际。有一次去安徽宣城,在誓节镇中心小学附近的一个小山坡上发现了成片的地梅,我霎时欢呼雀跃,跟友人说今天不去别处游山玩水了。当时已至四月中旬,那天收获的满满两大袋地梅,后来却因太老而弃之不用。

采摘的地梅要先挑拣,撇去杂草枯叶后再用水清洗数遍,随后倒入沸水氽煮片刻,沥干水加入微量食用碱,加碱会让它们软化稠和,再拿菜刀细细剁碎。之后,将粉零麻碎的地梅糊糊、小麦面粉、煮烂的红薯,以及少许糯米粉羼杂在一起,加入开水揉面。揉面是个耗费体力的大工程,要趁热揉透,如此面饼才会劲道十足。

地梅有清热利湿,解毒消肿之效,并特具一种山野的气息。台州麦饼中如果没

① 音,意思是把好吃的小东西给你,通常指圆形的水果,比如枇杷、杨梅、樱桃、荔枝、桂圆以及橘子等。

有地梅，则不能称其麦饼，若是地梅不做麦饼，它还可以用来制作其他美馔，比如青团。当地用地梅为食材的麦饼与青团，相当适宜湿气浓重的春季。红薯的参与能为面饼增添几分清甜，咀嚼起来更为细嫩适口。糯米粉与麦粉的结合，可使饼的质感细滑软糯，却又不失麦粉的韧性。

未经烘熟的台州麦饼
作者自摄

面揉好以后，用擀面杖按擀饺子皮的方式，做成一个巨型的饺子皮。面皮擀得太薄会露馅儿，太厚则不易烙熟，且影响口感，这又是检验手艺的一大关头。擀出的大面皮呈圆型，通体呈现鲜明的黄绿色，其间又密密匝匝地点缀着翠绿色的地梅星子，分外雅致。

做好的面皮需用鳌子①烘烤，为使正反两面受热均匀，必须靠双手直接在鳌子上翻转。这个过程近乎于练"铁砂掌"，很是考验主妇们的耐受力，同时也是技艺水准的体现。由于不加油脂煎制，稍不留神就会烘焦，面饼熟而不焦才最见功夫。再者，成形的麦饼一旦未经即时烘熟，其中的水分就会蒸发，以致面皮干硬破损。所以备料、揉面、做饼以及烘烤务必一鼓作气，一切要恰到好处。

烘熟的面皮叠在一起包好保温，此时制作台州麦饼之路才走完近三分之一，随之而来的就是紧锣密鼓地煎炸烘炒煮了。台州人做一次面饼，少则十余个菜，多则

---

① 铁质平底锅，在山东则用来做煎饼。

二十几个方才罢休。一道接着一道分开炒，美味珍馐、水陆杂陈，而这些时常都是贤惠的台州女子单打独斗的结果。甚至从买菜开始，到备料、揉面、擀面、做饼、烘制，再到洗菜、烹调……所有环节皆一呵而就。即便她们忙成一团，然则亦乐在其中。因而，做台州麦饼不单单是一场厨艺挑战赛，它也是一场体力消耗战，乃至可视作一次修行。

烘熟的台州麦饼
作者自摄

传统台州麦饼的馅料
图片来自"林家糕坊"

"歇饼"、麦饼与麦油煎的传统馅料为台州米面、胡萝卜丝、鸡蛋丝、红烧肉、绿豆芽、洋葱、嫩豆腐，以及形形色色的河鲜与海鲜……老饕们可各随所好，只要大肚能容，皆可物尽其用。包的时候兜住其中一头，双手将之卷好立起，送至唇边，便可埋头大啖了。麦饼的面皮咀嚼起来细腻柔韧，馅料丰盛考究，各色馈馐大显身手、尽显其能，得到愉悦的何止是口腹呢？观之，通体浑圆；闻之，馨香四溢；尝之，美妙绝伦。

台州人以"歇饼"为当地隽品之一，无论贵贱，都目之为美食。每次的欢聚与分别，皆以"歇饼"为标志。年终吃"歇饼"，更是天经地义。世世代代的台州人把对生活的智慧与用心倾注到"歇饼"中，这也表现了历代子孙们对传统饮食持之以恒的坚守。

无论是台州人烹制"歇饼"，还是山东人烹制杂粮煎饼，其过程都离不开一种炊具——鏊。这种炊具最早可上溯至史前的仰韶文化时期，我们可以由它的诞生追溯

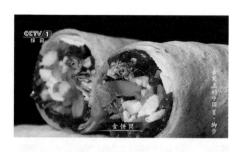

《舌尖上的中国 第二季》中
台州"歇饼"的镜头

煎饼的起源。早在新石器时代，黄河流域的原始居民用陶土烧成了标准的饼鏊。鏊，面圆而平，无沿，下有三足。发掘者认为，这种器物是"做烙饼用的铁鏊的始祖"。专家根据古人用鏊的历史推测煎饼的起源，认为这种食物不会晚于距今5000年前。[①] 不过，早期制作煎饼的原料，应当是易于磨粉的作物粟或黍，而非小麦。

三、皇帝被劫持之后

在古代，汤饼、馎饦、冷淘、索饼等多种称谓都可用来指今天的面条，那上述名词之间到底有何区别呢？

古代的汤饼是径直以手捏面下锅而成的汤食。汤饼在新疆又称为揪片子，可荤食，也可素食。唐代诗人对汤饼有诸多吟颂，"菊花辟恶酒，汤饼茱萸香"[②] ；"鸡省露浓汤饼熟，凤池烟暖诏书成"[③]。诗中透露出汤饼是唐人餐盘里最平常不过的食物。大唐宫廷中也有食用汤饼的记载，唐玄宗的发妻王皇后曾经为其亲手烹制生日汤饼。[④] 韦巨源为中宗筹备的烧尾宴中也有一道汤饼，即生进鸭花汤饼。

① 王仁湘：《中国史前考古论集·续集》，第164页。
② ［唐］李颀：《九月九日刘十八东堂集》，《全唐诗》卷一百三十二。
③ ［唐］罗隐：《郑州献卢舍人》，《全唐诗》卷六百五十六。
④ ［宋］欧阳修：《新唐书》卷七十六《后妃传上》，中华书局，1975年，第3491页。

宋代陆游的著作提及"巧妇安能作无面汤饼乎"①。无独有偶，同时代的陈亮，文章中也有"恐巧新妇做不得无面馎饦"②之句。馎饦，古同"馎饦"或"不托"。不托与汤饼同为水煮面食，形制大同小异，即今天面条、面片一类的吃食，用面粉或米粉所制。

北魏时，史料中就有关于馎饦的记载，"馎饦，挼如大指许，二寸一断，着水盆中浸。宜以手向盆旁挼使极薄，皆急火逐沸熟煮。非直，光白可爱，亦自滑美殊常"③。据古代农学家贾思勰的记述来看，北魏的馎饦是指面片汤。宋代也有馎饦，《归田录》提及"汤饼，唐人谓之不托，今俗谓之馎饦矣"④此处，欧阳修认为汤饼就是唐代人说的不托，在宋代俗称馎饦。

在今天日本的山梨县，有一种名为ぼうとう的乡土料理，与中文馎饦的发音雷同。它是一种由扁平状乌龙面加蔬菜以及味噌⑤炖煮而成的面食。日本文化与中国文化的渊源颇深，尤其是中国的大唐文化，其流风遗韵依旧对今天的日本影响极深。

《新五代史》记载，唐昭宗⑥被梁军围困时，曾对岐王李茂贞⑦抱怨只有粥与馎饦可吃，"朕与六宫皆一日食粥，一日食不托，安能不与梁和乎？"⑧堂堂大唐天子怎会沦落到一天吃粥，一天

日本山梨县乌龙面

---

① ［宋］陆游：《老学庵笔记》卷三，明津逮秘书本。

② ［宋］陈亮：《龙川集》卷二十，清宗廷辅校刻本。

③ ［北魏］贾思勰：《齐民要术》卷第九。

④ ［宋］欧阳修：《归田录》卷二。

⑤ 味噌（みそ），又称面豉酱，以黄豆为主要原料，加入盐及不同的种麹发酵而成。在日本，味噌是最受欢迎的调味料，它既可以做成汤品，又能与肉类烹煮成菜，还能做成火锅的汤底。

⑥ 李晔（公元867—904年）唐懿宗李漼第七子，唐僖宗李儇之弟，公元888—904年在位，在位16年。

⑦ 李茂贞（公元856—924年），原名宋文通，字正臣，深州博野（今河北蠡县）人。唐末至五代时期藩镇，官至凤翔、陇右节度使，封岐王。

⑧ ［宋］欧阳修：《新五代史》卷四十，清乾隆武英殿刻本。

吃馎饦的窘迫境地？这还得从唐末的政局开始谈起。

彼时的大唐，奸宦当道、群雄争霸、民不聊生，江山处在一片风雨飘摇之中。宰相崔胤与地方割据势力朱温[1]相结，意图以朱温之力除掉宦官。天复元年[2]，崔胤令朱温西进，梁军抵达同州[3]。宦官韩全诲等人惧怕，与李继筠劫持唐昭宗逃到长安西边重镇凤翔，却被梁军围城。

在围城的一年多时间里，大将李茂贞屡战屡败，锐气大挫，坚持闭营不出。此时凤翔的形势甚是严峻，1斗米价格高至7000钱，城中的百姓竟至吃人粪、煮尸体、父食子的地步。狗肉每斤500钱，人肉每斤100钱，人肉贱于狗肉。"城中薪食俱尽，自冬涉春，雨雪不止，民冻饿死者日以千数。"[4]

唐昭宗在宫中置小磨，命宫人磨豆麦供御。皇亲贵胄中，每日冻馁而死的也有三四人。城中之人聚众相邀，拦住守将李茂贞，请求他想办法给生路。李茂贞心急火燎，筹谋把天子交给梁军来换取解围。于是他将与梁妥协的计划奏明唐昭宗，和解之计正好遂了昭宗的心意。昭宗曾对李茂贞哭诉道："我和六宫嫔妃们一天吃粥，一天吃馎饦，怎能不与梁和解呢？"

天复三年[5]正月，李茂贞同梁军签订和约，并诛杀韩全诲等20多人，将他们的首级送至梁的军中，历时一年有余的凤翔围城终于解除。不久，唐昭宗返回长安。此后，宰相崔胤力劝朱温诛灭宦官，并马不停蹄地谋划另建禁军。可是就在次年，崔胤却被朱温所杀害。天祐元年[6]，朱温又威逼唐昭宗东迁洛阳，不久后弑君。先前，唐僖宗因朱温镇压起义军有功，赐其名为全忠。岌岌可危的大唐社稷却直接断

---

① 朱温（公元852—912年），五代梁朝第一位皇帝，又名朱晃，赐名朱全忠，宋州砀山（今安徽砀山县）人。

② 公元901年。

③ 今陕西大荔县。

④ ［宋］欧阳修：《新五代史》卷四十。

⑤ 公元903年。

⑥ 公元904年。

送在这个朱全忠手里，极具讽刺性和戏剧性。

　　一般来说，唐代人把粥和馎饦当作早餐食用。官员早朝，公膳房为他们供应各式粥品。来自日本的僧人圆仁在《入唐求法巡礼行记》中记载，他基本上每天早晨都食粥。馎饦则在北方地区百姓的食谱中更为普遍。由《新五代史》可知，馎饦与粥是同一层次的食物。在乱世中，社会上层长期仰赖这些食物是出于救饥的权宜之计。

　　唐人在夏天食用一种冷面，名曰"冷淘"，南北方皆有。古人们用槐叶汁和面粉制成面条，待煮熟后，再置于冰池或井水中浸凉。享用前，先在冷淘表面撒一层蔬菜，再拌点豆豉汁佐味。

　　杜甫的《槐叶冷淘》中对一款羼入槐叶汁的冷淘有过细致地刻画：

> 青青高槐叶，采掇付中厨。新面来近市，汁滓宛相俱。
>
> 入鼎资过熟，加餐愁欲无。碧鲜俱照箸，香饭兼苞芦。
>
> 经齿冷于雪，劝人投此珠。愿随金騕褭，走置锦屠苏。
>
> 路远思恐泥，兴深终不渝。献芹则小小，荐藻明区区。
>
> 万里露寒殿，开冰清玉壶。君王纳凉晚，此味亦时须。①

　　诗中，杜甫精心描摹了槐叶冷淘的选材、烹饪之法、色泽、口感、宜食季节。杜甫对槐叶冷淘葱翠欲滴的色彩、韧性滑爽的质感，以及冰凉清新的滋味啧啧称叹。作为唐代"国民诗人"的杜甫，向来都善于揣度民心。他对"槐叶冷淘"的叹赏想来也咏出了广大唐代百姓的心声。古人对槐叶冷淘的钟爱之情也延续至宋代，南宋林洪的《山家清供》中详细记载了这种凉面的制作手法。

　　唐代还有一种被人们称为索饼的面食。索饼实际上是以面的形状命名，它与馎饦、汤饼或冷淘并无本质区别，只是依据面的形状与做法而冠以不同的称谓而已。

---

① ［唐］杜甫：《槐叶冷淘》，《全唐诗》卷二百二十一。

水煮面食易于消化，有充虚解寒之效。因此，唐代人将索饼用作摄生之方。唐时，医学家咎殷所著的《食医心鉴》中收录有羊肉索饼、黄雌鸡索饼、榆白皮索饼和丹鸡索饼等多种用于食疗的索饼。

四、萧家馄饨的秘方

南海之帝为倏，北海之帝为忽，中央之帝为混沌。倏与忽时相与，遇于混沌之地，混沌待之甚善。倏与忽谋报混沌之德，曰："人皆有七窍，以视、听、食、息，此独无有，尝试凿之。"日凿一窍，七日而混沌死。[1]

在创世神话中说，开天辟地之前有一位混沌大神。他的相貌与常人不同，无眼、耳、口、鼻七窍。混沌于倏神与忽神有恩，后来倏忽二神为报答他的恩德，助其凿开七窍，而混沌却面临死亡。之后，世界万物才开始出现，并且变得多姿多彩。有学者提出，道家的创世神话是后人食用馄饨的文化渊薮。

馄饨，早期或作浑沌、浑屯、混沌。混沌属于食物，后依据造字规则改换偏旁，遂作馄饨。唐人段公路称馄饨为馄饨饼，这也是大唐"世重饼啖"的佐证之一。

唐宋时期，食用馄饨被人们目为豪举，因而它时常用作待客的食点。在唐代的史料中，县令、举子、进士都有食用馄饨的记录。大唐首都长安城中开有很多馄饨铺，以皇城西面颁政坊内的萧家馄饨最负盛名。皇城西面多为豪贵与胡商的聚居之地，东面则以高级官员的府邸为主，因此有"西富东贵"之说。城西的萧家馄饨以"漉去汤肥，可以瀹茗"[2]著称。瀹茗，即煮茶。茶叶与馄饨浑然一体的滋味，唯有在史上独领风骚的唐人才懂得如何欣赏。既然京城豪贵们的味蕾都会被萧家的馄饨所征服，其滋味必定不凡。

---

① [先秦]庄周：《庄子》卷第三，四部丛刊景明世德堂刊本。

② [唐]段成式撰，许逸民校笺：《西阳杂俎校笺（二）》卷七《酒食》，第607页。

馄饨还可作为御用菜式进献给天子食用。唐代最为考究的馄饨要数韦巨源《烧尾宴食单》中的生进二十四气馄饨，"花形馅料各异，凡二十四种"[1]。生进，即未煮熟状态下进奉的食物，需要在宫廷内再加工；二十四气，指馄饨的花形馅料多至24种。听说今天的西安烹饪界据此仿制出24种馄饨，将不同馅料的馄饨捏出迥异的形态，每盘24只装盘摆桌。这种仿生进二十四气馄饨重现昔日大唐御膳的风采，让人们过了一把"唐穿"瘾。

馄饨还是一种重要的节令食物。古代的冬至日，人们以食馄饨为俗。"春前腊后物华催，时伴儿曹把酒杯。蒸饼犹能十字裂，馄饨那得五般来。"[2]冬至日阴气至盛，在古人心中，这一天吃馄饨有驱鬼镇邪之用。

维吾尔族人称馄饨为"曲曲热"，是维吾尔等民族的传统食品之一。最晚在唐代，新疆吐鲁番地区的先民已经吃上馄饨了，这点可以在考古中得到印证。1969年，吐鲁番阿斯塔那唐墓出土馄饨若干，质地为小麦面，长3厘米，宽2.5厘米，形似耳朵，皮薄，内有馅，形状与饺子有着明显的区别。虽说不是"新鲜出锅"，但它们是中国乃至世界迄今为止发现最古老的馄饨实物。

唐代馄饨
1969年自吐鲁番阿斯塔那117号墓出土
新疆博物馆藏

唐之前的中古时期，饺子与馄饨经常混为一谈。最初的饺子也被称作馄饨，北齐颜之推曰："今之馄饨，形如偃月，天下通食者也。"[3]偃月可泛称半月形，颜之推所形容的偃月馄饨，就是今天的饺子。如此，那彼时的馄饨该如何称呼呢？馄饨还叫馄饨，可以认为饺子是一种特殊形状的馄饨。新疆吐鲁番阿斯塔纳墓葬中还出土了唐代的饺子，尽管已严重钙

① ［唐］韦巨源：《食谱一卷》。［元］陶宗仪编：《说郛三种》一百二十弓之弓九十五，第4338页。
② ［宋］陆游：《对食戏作》。［清］吴之振：《宋诗钞》卷六十八，清文渊阁四库全书本。
③ ［清］钱绎：《方言笺疏》卷十三，"饼，谓之饦，或谓之餦馄"条"笺疏"，清光绪刻民国补刻本。

化，整体颜色发暗，坚硬如石，但外形完整可辨。他们历经千余年的风霜雨雪来到世人们眼前，实属不易。

唐代的饺子与今天的饺子在形态上极其一致，都为偃月形。此外，开元通宝上也有月纹印痕。难道是由于唐人格外钟爱这种月牙儿的形状吗？人们说开元通宝上的月纹是文德皇后在观赏铸钱的蜡样时，她的指甲不经意间划到了蜡样，才留下印痕。不过也有人说是太穆皇后[①]，甚至还有人认为是杨贵妃……但这些都是人们的臆测而已。事实上，此月纹并不是各位娘娘的指甲印痕，更不是因为唐人特别爱吃饺子而故意留下，或可看作是一种炉别的记号与纹样。

唐代饺子
新疆阿斯塔那墓出土　中国国家博物馆藏

晚期开元通宝

言归正传，饺子在其漫长的发展过程中名目繁多，古时有牢丸、扁食、饺饵，以及粉角等众多名目，直到清朝才定名为饺子。饺子也曾被称作娇耳，这一名称的由来或许是因为汉代的张仲景。

东汉时期，"建安三神医"之一的张仲景创制了一种用于祛寒的饺子。建安年间[②]，张仲景曾担任长沙太守一职。相传，在他告老还乡之时，正值寒风凛冽、大雪纷飞的冬天。当地许多流民面黄肌瘦、衣不遮体，裸露在外的耳朵也都被冻烂了。

---

① 太穆皇后窦氏（约为公元569—613年），唐高祖李渊之妻。

② 公元196—220年。

张仲景见状心如刀割，回乡后仍念念不忘当初的情景，研制出一个御寒的食疗方子——祛寒娇耳汤。

五、一个蒸饼引发的奇案

周张衡，令史出身，位至四品，加一阶，合入三品，已团甲。因退朝，路旁见蒸饼新熟，遂市其一，马上食之，被御史弹奏。则天降敕："流外出身，不许入三品。"遂落甲。[1]

这个故事记载在唐代笔记小说《朝野佥载》中，令人忍俊不禁的同时，还有点匪夷所思。

武周时期，朝廷有位官员叫张衡，虽是令史出身，却已官列四品，倘若再升一阶，就是三品官员。在唐朝，宰相一般也才至三品。所以在唐朝的官场上，从四品到三品是个相当难闯的险关。

现在，"官吏"二字常常连用，而在古代，官与吏的地位却相差悬殊，吏远远不及官。杜甫的《石壕吏》有"暮投石壕村，有吏夜捉人"的记述，诗中提到夜里来强制征兵的差役就叫吏。吏员出身的张衡在官场几经摸爬滚打，终于位列四品。通常，如此出身的人要爬到四品高位确实是难乎其难。张衡不仅官拜四品，而且吏部已把他列为三品官员的候选人，着实让人嫉妒。

然则值此紧要关头，张衡却不慎踩了地雷：一日退朝途中，他看到路边有人出售新鲜出笼的蒸饼，还热气腾腾的。此时，馋虫早已被引上喉咙，他禁不住诱惑就购得一份充饥。糟糕的是，这个偷吃的镜头正好被一位御史捕捉到了。于是，这位御史便在武则天驾前弹劾张衡的行为有损官仪。

---

① ［唐］张鷟：《朝野佥载》，清畿辅丛书本。

古代臣子们上朝，天不亮就得出门，估计没有时间吃早点，碰到冗长的朝会要耗上几个小时方告结束。退朝之后，他们时常还得处理公务，所以饿上大半天也是家常便饭。

唐代贞观四年[①]，太宗下诏在朝堂外廊下设食，为参加朝会的全体官员供应一顿工作餐，称"廊下食"，从而成为唐代的常制。唐朝前期，廊餐的伙食肯定不至于太过寒碜，所以张衡退朝之后还饥肠辘辘并非因工作餐过于简陋所致。不管出于何种原因，张衡退朝回府时依然腹中空空如也。武则天接到御史的检举后，挥毫批了几个触目惊心的字眼："流外出身，不许入三品。"眼看就要到手的三品乌纱就这样因为一个蒸饼而功亏一篑。

何为流外？唐代九品以上，包括九品的品级官员都可统称流内官。而介于品官与庶民之间的吏员，则被归为流外官。流外官是在朝廷和地方各级政府部门担任低级职务的吏员。一旦成了吏，由吏入官者堪称凤毛麟角。当然，也有少数佼佼者鸿运当头，由吏升迁至品官的行列，即为入流。

与张衡相比，中唐时期的宰相刘晏就没那么倒霉了。清晨冷风刺骨，寒气逼人，上朝途中他买了几块热饼捧在手中取暖，还沾沾自喜道："美不可言，美不可言！"[②]

那么直接导致张衡悲剧的蒸饼究系何物呢？

这个问题得从最具东方特色的饮食生活传统之一——蒸食技术开始说起。早在8000年前，先民们就已经用蒸法烹制谷物。后来，随着小麦的传入以及面粉磨制技术成熟后，人们也将蒸法借用到面食的烹饪中。[③]

前述的蒸饼与它的近亲——笼饼，都是蒸食技术在面食打造时的成功典范。

笼饼，顾名思义是放在蒸笼里蒸制的面食，相当于现代的馒头或包子一类的食

---

① 公元630年。

② ［唐］韦绚：《刘宾客嘉话录》，明顾氏文房小说本。

③ 王仁湘：《中国史前考古论集·续集》，第176~178页。

物。宋代陆游的《蔬园杂咏·巢》记载："昏昏雾雨暗衡茅，儿女随宜治酒肴，便觉此身如在蜀，一盘笼饼是豌巢。"[1]陆游自注曰："蜀中杂彘肉作巢馒头，佳甚。唐人正谓馒头为笼饼。"毫无疑问，陆游所说的蜀地馒头，是以肉末为馅所制作的鸟巢型的面点——肉包，也正是唐人口中的笼饼。

对于蒸饼，不同的时代似乎有不同的定义。譬如十六国时期，后赵的石虎好食蒸饼，这种蒸饼"常以干枣、胡桃瓤为心蒸之，使拆裂方食"[2]。而唐代的蒸饼，做法稍有差异。《西阳杂俎》中记载，"蒸饼，法用大例面一升，练猪膏三合"。[3]从段成式的描述来看，唐代的蒸饼是一种以面粉和猪油膏为主要原料的面点。

如此，祸害张衡的蒸饼只是一个不含肉馅的猪油馒头而已……

六、1300年前的月饼和4000年前的面条

唐代名目众多的面点不胜其数，除前文所述外，还有诸如馂头、馉饼、粔籹、寒具、馓饼、炉饼、餢飳、馎饦、煎饼、烧饼、乳饼、白饼、饸饼、沙饼、馈饼、馓子、小食子等，这些面点大多因原料、做法、地区等区别而叫法各异。其中一些虽不同名，实属一物：馂头、馉饼、粔籹，以及馓饼均属寒具，即油炸馓子；餢飳、馎飳、餢飳都是油炸圆饼。

---

① ［宋］陆游：《剑南诗稿》卷十四，清文渊阁四库全书本。

② ［宋］李昉：《太平御览》卷第八百六十《饮食部》十，四部丛刊三编景宋本。

③ ［唐］段成式：《西阳杂俎·前集》卷之七。

唐代面点
新疆博物馆藏

唐代面点
新疆阿斯塔那古墓出土，详见《吐鲁番博物馆》，第80页

炉饼可能是一种胡饼，在炉内烘熟。唐代的烧饼或许与今日的烧饼相似，而不同于胡饼。乳饼，皆为奶酪、膏腴所制。[1]沙饼的原料是面与油，而馒饼只用面却没有油。[2]餦子是上流社会的吃食，但形制不明。小食子原本是相对正餐而言，后来演变成一种专门的小吃，当然也有可能是某一类点心的泛称。

唐代宝相花纹月饼[3]

1972年自吐鲁番阿斯塔那230号墓出土 新疆博物馆藏

唐时，人们也将麦子磨成面粉后直接煮粥，即麦面粥。直至今日，广大中原地区的百姓仍然喜欢喝白面稀饭。白面稀饭在山东一带叫做白面糊糊，在河南一带则名曰白面汤，山西人又谓之面糊糊，它们都是唐代时期兴盛的麦面粥。

粟米和黍米被磨成粉食用的历史远远早于小麦。本世纪初，青海民和喇家遗址出土了一碗4000年前的面条。传统观点认为，中国古代的面条只有2000年左右的历史，而这碗面条能够穿越4000年的时光与今人会面，得益于当年此地突发的一场

---

① 徐海荣：《中国饮食史（卷三）》，华夏出版社，1999年10月。

② 黄正建：《走进日常：唐代社会生活考论》，第95页。

③ 此月饼以小麦粉为主要原料，模压成型后烘烤而成。月饼通体浑圆，且呈土黄色，表面的花纹轮廓清晰，中心为圆圈，由两组联珠纹组成，并环绕着一周莲瓣纹，外侧的装饰大概为松针纹，这种纹饰与现今一些饼干边缘的造型如出一辙。

4000年前的面条　　　　　　　　　　　　　　　　　4000年前的面条
2002年青海民和喇家遗址出土

灾难。经检测，这碗面条由粟米和黍米粉烹制而成，荤素搭配合理，因为研究人员在样品中发现了藜科植物的植硅体以及少量的动物骨头碎片。[①]此次考古发掘一下子将面条的年龄增加至4000岁，试问：这一结果是否能够证明西方的面条一定源自中国？答案未必尽然，有专家认为，东西方面条各有渊源。

小麦起源于西亚，后传入欧洲和东亚，并逐渐取代小米成为旱作农业的主体作物。考古表明，距今4500年左右的龙山文化时期，小麦传入中国古代文明的核心区域。东方本土古老的粒食传统的借用，是小麦在其新立足地生根的第一步。而面食技术的普遍运用，是小麦在东方立足的第二步，也是它传播更广的原因。[②]

石磨的产生使小麦面食变成现实。虽说早在战国时期我国就已经产生了石磨，但由于制作石磨的技术与工具问题，以及面粉加工成食品的技术难题，小麦整粒食用仍维持相当长的一段时间。石磨在产生初期相当稀缺，并未成为平常百姓的粮食加工工具。

西汉中期"丝绸之路"的开通，为黄河流域小麦的粉食带来新的加工方式，使

---

① 王仁湘：《中国史前考古论集·续集》，第164页。
② 王仁湘：《中国史前考古论集·续集》，第160~161页。

麦粉打造的面点迅速跻身于美食行列。[①]麦类被磨成面粉食用是饮食史上的一大巨变，它不仅改变了麦子的口感，而且演变出各种千姿百态的面食，西北和北方地区的百姓尤为喜爱。小麦粒食之习已渐行渐远。

唐朝时期，小麦在百姓的膳食中所占比重迅猛上升，在北方已经能和粟类平分秋色，成为仅次于水稻的一大主粮。[②]唐代小麦分布主要位于长江流域的北部与中部，流域南部几乎没有小麦的种植，至于岭南地区则更无小麦的踪影。[③]所以，从某种意义上讲，面食是唐代广大北方地区的主食，而南方是稻米的天下。唐时如面条、饺子、馒头等以蒸或煮等东方主流烹饪手法打造的面食，都是小麦汉化食用的成功典范。有趣的是，西方人却将麦面放进了烤炉，制成了面包与蛋糕。这是由于东西方主流烹饪技术的差异，决定了麦食传统发展的不同方向。[④]

---

① 韩茂莉：《中国历史农业地理（中）》，第335页。
② 徐海荣主编：《中国饮食史》（卷三），杭州出版社，第255页。
③ 韩茂莉：《中国历史农业地理（中）》，第372页。
④ 王仁湘：《中国史前考古论集·续集》，第175—179页。

饮之篇

第一章

新炉烹茶含露香

1987年，陕西扶风法门寺出土了大批珍贵的文物，其中涉及大唐宫廷茶宴的部分器物如下：金银丝结条茶笼子、鎏金鸿雁流云纹银茶碾子、摩竭纹蕾钮三足架银盐台，以及鎏金仙人架鹤纹壶门座茶罗子。单单这几件遗宝就足以使人如堕烟海。

　　作为一个寻常的现代人，唐人饮茶时是否会用到笼子、碾子，以及罗子等物还不甚明了，而盐台显然是一件置盐的用具，莫非唐人饮茶与烹调一样，还需要洒盐吗？

一、陆子曰：你是否在喝只配冲茅房的茶？

右：金银丝结条茶笼子
详见《法门寺考古发掘报告（下）》彩版图七〇

下：唐代宫廷茶器与茶具
法门寺出土

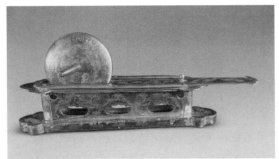

左上：鎏金鸿雁流云纹银茶碾子
　　　详见《法门寺考古发掘报告（下）》彩版图八一

右　：摩竭纹蕾纽三足架银盐台
　　　详见《法门寺考古发掘报告（下）》彩版图八三，
　　　高约28厘米，口沿外径16厘米，足高17厘米，重576克

左下：鎏金仙人驾鹤纹壶门座茶罗子
　　　详见《法门寺考古发掘报告（下）》彩版图七二

谈茶，不得不提起唐代的陆羽[①]，嗜茶者无人不知其名。陆子认为茶是"南方之嘉木"[②]。在古人的观念中，草木同为一体。茶，从草、从木，或两者兼从。茶的另一个芳名——茗，为世人所熟知，其实，茶、槚、蔎，以及荈皆指茶。

事实上，陆羽之后，"茶"字才成为茶的通称，亦方有茶学。陆羽之前，"茶"往往作"荼"。相传，神农氏尝百草，日遇72种毒，得荼而解之，可见彼时的荼是一味良药。广而论之，茶早期的身份并非饮品，而是一种药材，荼可以治疗积年瘘疮以及小儿惊厥。[③]槚、蔎、荈、茗是对茶的进一步分类，赋予时令或味觉上的区别。古人曾将早采的茶叶叫做荼，晚采者则称为茗。陆羽依据口感，对槚、荈、茶进行区分，"其味甘，槚也；不甘而苦，荈也；啜苦咽甘，茶也。一本云：其味苦而不甘，槚也；甘而不苦，荈也"[④]。

茶的种法与种瓜并无二致，栽种三年后便可采摘。从自然环境上讲，滋长在山野间的茶叶为极品，人工培育的则黯然失色；就土壤条件来说，"上者生烂石，中者生砾壤，下者生黄土"[⑤]；由叶片视之，紫色为上，绿色稍逊，形似牙齿的次于如笋尖的，卷曲者优于舒展者。此外，长于山地阴面坡谷的茶叶，其寒性凝滞，慎勿采摘饮用。

采茶在每年农历的二月至四月之间进行，务必要抓住时节。一旦错失良机，又未经精细处理，以致茶叶内野草混杂，就会喝出毛病，为茶所累反倒得不偿失。当新发的细嫩芽条冒出，就得踏着晨露及时采撷。在天朗气清的日子里，采茶、蒸青、捣碎、拍压、焙干、串扎、包封，诸多繁琐的程序环环相扣。所有的环节在采茶当天一气呵成，茶饼方能彻底干透，色泽鲜明。

---

① 陆羽（约为公元733—804年），唐代茶学专家、文学家。字鸿渐，又字季疵，一名疾，自称桑苎翁，又号东冈子、竟陵子。复州竟陵（治今湖北天门）人。

② 〔唐〕陆羽：《茶经》卷上《一之源》，宋百川学海本。

③ 〔唐〕陆羽：《茶经》卷上《七之事》。

④ 〔唐〕陆羽：《茶经》卷下《五之煮》。

⑤ 〔唐〕陆羽：《茶经》卷上《一之源》。

唐代宦官刘贞亮曾将饮茶的好处概括为"十德"："以茶散郁气，以茶驱睡气，以茶养生气，以茶除病气，以茶利礼仁，以茶表敬意，以茶尝滋味，以茶养身体，以茶可行道，以茶可雅志。""十德"即修身养性。刘贞亮的《饮茶十德》可谓言之凿凿。

据传，唐代后期的宣宗统治年间，有一名103岁的高寿老僧，鹤发童颜、神采奕奕。宣宗得知后便遣使向其问取养生之道。高僧回禀道，我自幼贫贱，素来不知茶水还有延年益寿之效。平生嗜茶，所到之处惟茶在侧，痛饮百碗方能尽兴。古人对茶的摄生功效深信不疑，佛道两家将茶与其精神修炼相结合，很多人甚至认为饮茶可轻身换骨、羽化登仙。

陆羽将茶的奥秘与意境写进三卷的《茶经》里。他说茶味至寒，"精行俭德"之人最宜。如果唇焦口燥、气滞烦闷、头疼脑热、双目干涩、四肢烦乱、全身关节不舒，喝上几口茶水，便如饮醍醐甘露一般。[1]陆羽秉承神农衣钵，凡茶皆亲炙、亲煮、亲品，尽显诚虔之心。

在"陆氏煎茶法"盛行之前，唐代社会中存在一种较常见的饮茶形式，这种品茶方式在《茶经》中被称作"痷茶"。"乃斫、乃熬、乃炀、乃舂，贮于瓶缶之中，以汤沃焉，谓之痷茶。"[2]人们对茶叶又是剁，又是熬，又是烤，又是舂，然后将它贮存在瓷瓶或者瓦罐中，待饮用之时以沸水泡之即可。"痷"字饱含病态之意，痷茶之名想来是陆羽对如此饮茶方式的诟病。时人还将葱、姜、枣、桔皮、茱萸、薄荷等物与茶叶同煮，熬成一锅百沸汤或千滚水。抑或，再三扬汤，把茶水煮得如同膏汁那般浓稠滑腻。也就是说，在那个时候、煮茶与煮蔬菜汤并无二致，这种茶被唐人称为"茗粥"。此外，沫与饽是茶汤的菁华，有人却将之撇弃。

对于上述几种茶水，陆羽戏称为"沟渠间弃水"。在煎茶法尚未风靡的时代，广大唐代人最常饮用的正是这些"沟渠间弃水"。如此，今天人们常喝的冲泡茶、

---

① ［唐］陆羽：《茶经》卷上《一之源》。

② ［唐］陆羽：《茶经》卷下《六之饮》。

奶茶、酥油茶，以及冰红茶之属，想必在陆羽眼中也是阴沟里的污水。

陆氏煎茶法见重于海外而反薄于本国。我们南方少数地区仍沿用传统的煎茶法，而全国广大地区都采用直接冲泡的方式。唐代以后，煎茶法漂洋过海，东渡扶桑，其流风遗韵在日本得以保存，该国还有"饥来饭，渴来茶"的俗谚。

二、1本《茶经》的价值＝1000匹宝马？

相传唐代末年，气数将尽的大唐王朝面临着各种内忧外患。出于军事上的考虑，大唐对马匹的需求迫在眉睫，遂与回纥以茶易马。漠北地区的自然环境并不适宜茶叶的生长，而草原民族的饮食习性却又对茶有着极大的依赖性。

某年金秋，又值一年中的交易之际，双方使者在边境线上再度聚首。此次回纥使臣拒绝直接换茶，却执意要求以千匹良马求得一本好书——《茶经》。彼时，《茶经》尚未普遍流传，而陆羽却已仙逝。天子命人遍寻此书，从陆羽著书的吴兴苕溪①，再到其故里复州竟陵，仍一无所获。最终，诗人皮日休献出一个手抄本，这桩公案才得以结了，陆羽与他的《茶经》也因此而声名鹊起。

区区7000余字的《茶经》，回纥为何不惜赔上千匹宝马良驹来换取？

陆子在20岁出头就萌生了撰写一部茶叶专著的念头，并为此进行长达十余年的游历考察。他一路披星戴月、餐风宿露。无论是路旁埂畔抑或篱边茅舍，都有陆羽与当地乡村野叟论茶的身影。

公元760年左右，陆羽隐居在苕溪闭门著述，《茶经》就诞生于此。关于此书的成书年代众说纷纭，国内学者一般认为是在公元760年至780年之间。有观点认为《茶经》于774年最终定稿，而此时的陆羽已逾不惑之年。

---

① 位于今天浙江省北部，浙江八大水系之一，是太湖流域的重要支流。

《茶经》是世界现存最早、最完整、最全面介绍茶的第一部专著，被誉为茶叶百科全书。《茶之器》、《茶之具》两篇是《茶经》中的重要部分。在陆羽的理解中，采茶、制茶的工具称作具，煮茶、饮茶的器物则谓之器。在野寺山园，松间石上，部分器具尚可偏废，"城邑之中，王公之门，二十四器缺一，则茶废矣"。[①]

表3-1-1 《茶经》中的茶具一览表

名称	材质	形制	功能	备注
籝/篮/笼/筥	竹	/	采茶	/
灶	/	/	/	勿用有烟囱的灶
釜	铁/银/瓷/石	唇口型	/	/
甑	木/瓦	/	蒸茶	/
杵臼/碓	石	/	舂茶	长期使用者为佳
规/模/棬	铁	圆形/方形/其他	造茶	檐放承上，规置檐上，用以造茶。规是制茶饼的模型
承/台/砧	石	/	造茶	
檐/衣	油绢/雨衫/单服	片状	造茶	
芘莉/籝子/筹筤	篾	有手柄，与笤筐有几分相像	列茶	用竹篾织成方眼，像园丁的笤
棨/锥刀	木头与铁	/	穿茶	用来给饼茶穿洞眼
扑/鞭	竹	线形	穿茶、解茶	用于将茶饼穿成串
焙	泥	深、长、阔都有具体尺寸规定	焙茶	需在地面往下凿出一个空间，其上砌短墙

---

① ［唐］陆羽:《茶经》卷下《九之略》。

名称	材质	形制	功能	备注
贯	竹	线形	贯茶	用来穿茶烘焙
棚/栈	木	构于焙上，编木两层，有一定高度	焙茶	半干的茶放下棚，全干的放上棚
穿	竹	线形	穿茶	用以贯串制好的茶饼
育	木、竹、纸	中有隔，上有覆，下有床，傍有门，中间置一器，贮煻煨火	育茶	以木制成框架，竹篾编织外围，再用纸裱糊。中有间隔，上有盖，下有托盘，旁开一扇门。中间放置一件器皿，盛有火灰，潮湿季节可加火除湿

陆羽在《茶之器》一篇中，将"器"分为24种进行细说。他对茶器的产地、取材、质地、大小、长度、厚度、形状、色泽，以及是否上漆、上锁或点缀，乃至装

唐代白釉煮茶器

茶碾：高4.5厘米，长18.3厘米，宽4.6厘米。碾轮：直径5厘米

盏：高3厘米，口径9.9厘米，底径4厘米

托：高2厘米，口径9.8厘米，底径3.7厘米

茶炉及茶釜：高8.9厘米，口径11.3厘米，底径6厘米

中国茶叶博物馆藏

上：五代越窑青瓷釜

浙江省博物馆藏

下：唐代白釉茶研与茶则

中国茶叶博物馆藏

饰物的材质、色彩等均有详细论述。在此篇中，陆鸿渐的精致生活与美学品位向我们展露无遗。

三、茶圣：一碗合格的茶应该这样煮

唐代人煮茶前有炙茶的习惯，炙茶时，茶饼与火的距离都颇有讲究。用夹子夹住茶饼，贴近火源，不断地翻烤正反两面，使其受热均匀。等茶饼表面形成微凸小丘时，离火稍远再缓缓地进行烘烤，等到凸起的茶叶平复之后，再挪近点烘烤。如果是原先用火烘干的茶饼，要烤至散发茶香，晒干的茶饼则要烤到完全发软为止。

陆羽认为，以丛林深谷中小青竹为材料的夹子，可使茶叶额外增添几分香洁。炙好的茶要夹在缝成夹层的剡藤纸[①]中贮藏，如此茶香便不易消散。炙茶的燃料，以炭为首选，其次是桑、槐、桐、枥木之类的劲薪，千万莫用柏、松、桧等油脂丰富的木料。此外，杜绝任何燃烧过的木炭以及腐烂的木器，以免茶水沾染劳薪之味。[②]

唐末五代时期的梁藻，其诗中有"拟摘新茶靠石煎"[③]一句，同时代的诗僧贯休则有"石炭煮茶迟"[④]之句，皆提及当时人瀹茗时所用的一种新兴能源——石炭，石炭即煤炭。早在北魏时期，就有关于煤炭的记载。北魏郦道元的《水经注》曰："山有石炭，火之，热同樵炭也。"[⑤]石炭燃烧后有一股刺鼻的气味，势必会影响茶味的香纯。再者，石炭的获取远远不及木炭来得便宜。有唐一代，煮茶用得最多的当数

---

① 以产于剡县（今嵊州）而得名。西晋张华《博物志》载："剡溪古藤甚多，可造纸，故即名纸为剡藤。"

② 即以败弃朽木为薪。典出春秋时师旷与晋平公的对话，详见《隋书·王劭传》。

③ ［五代］梁藻：《南山池》，《全唐诗》卷七百五十七。

④ ［五代］贯休：《寄怀楚和尚二首》，《全唐诗》卷八百三十一。

⑤ ［北魏］郦道元：《水经注》卷十三，清武英殿聚珍版丛书本。

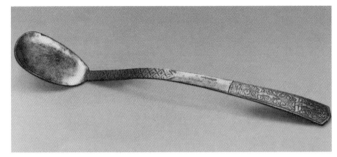

唐代鎏金飞鸿纹银则
法门寺出土

唐代越窑青釉茶匙
中国茶叶博物馆藏

木炭却非石炭。

　　唐人炙茶之后，碾茶也是一个必不可省的过程。从材质上看，以橘木所制的茶碾最佳，梨、桑、桐、柘等木次之。从形状来看，"臼内圆而外方"的茶碾为上，便于滚碾，又不易倾倒。碾碎的茶粉用鸟类羽毛制作的拂末进行拂刷，再用罗①加以细筛，筛好后再放到合②里贮存。取用、量度茶粉用的器材名曰则，则取材于贝

---

①　以巨大的竹子和纱绢为材料制成，相当于筛子。

②　以竹节或上漆的杉木为原材。

唐代鎏金石榴花纹银盒
陕西历史博物馆藏

唐代越窑青釉水注,高25厘米,口径
10厘米,底径13厘米。
中国茶叶博物馆藏

壳、铜、铁，以及竹子等物，相当于现在的瓢羹。

风炉是唐代人烹茶常用的炉子，银制、铜铸或铁铸兼有，形如古鼎，下有三足，其间设三眼窗孔，最底部的那眼为通风之用。炉内有厅，可置炭火。风炉上有三个格，可支撑交床①之上的瀹茗器具。鍑②、釜、铛、銚，以及鼎等都是唐代常见的瀹茗用具。风炉的炉底有一眼通风出灰的洞口，下置一只承接炭灰的铁盘。

茶圣陆羽煮茶用鍑，此处便对鍑予以细说。鍑在铸造之时，模芯外层要抹泥，内层则涂沙。泥土能使内层光滑平整，易于清洗。细沙可让鍑外粗涩，即时吸热。一对鍑耳制成方形，便于提起的时候持平。鍑的边缘要厚实，如此才能经久耐用。鍑腹要深，尽量使茶水在鍑的中部沸腾，如此，所瀹之茗味道浓香醇厚。虽说银、瓷、石制的鍑雅致洁净，但都不及铁制的经久耐用。

陆羽格外讲求瀹茗所用的水源，每次必用佳泉。他对各种水质加以评鉴，认为煎茶之水"用山水上，江水次，井水下"③。至于现代人日常所饮用的自来水，对陆羽来讲，也许只配冲洗茅房。

山泉水中，钟乳石下滴淌的山水以及岩隙石缝中渗出的泉水最是绝妙。山谷中的急流激湍切莫取用，易使人罹患疫病。泉水流经山洼谷地时停滞不前，遂成一汪死水，自旧历六月至九月份的霜降期间，会有蛇、虫等生物在此蓄毒，可先决口疏导，等污水流尽，新泉汇入后再取水。若是江河之水，要到远离人家的河段舀取，井水则要汲取长期有人饮用的活水。

---

① 十字形，用来支撑煮茶器具。

② 鍑，釜之大口者。

③ 〔唐〕陆羽：《茶经》卷下《五之煮》。

唐代巩县窑黄釉风炉及茶釜

高 10.6 厘米，口径 12.8 厘米，底径 7.3 厘米

中国茶叶博物馆藏

唐代邛崃窑黄釉茶铫

高 8.9 厘米，口径 13.5 厘米，底径 8.5 厘米

中国茶叶博物馆藏

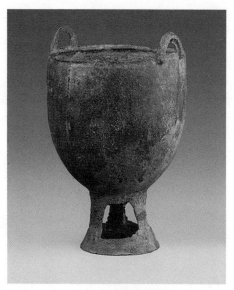

南北朝时期圈足青铜鍑

中国国家博物馆藏

唐代石质茶釜

高 5.8 厘米，口径 18.3 厘米，底径 8.6 厘米

中国茶叶博物馆藏

陆羽井

2017 年 8 月作者自摄于苏州虎丘

陆羽井与第三泉①

2017 年 8 月作者自摄于苏州虎丘

---

① 唐代贞元年间（公元785—805年），陆羽隐居虎丘，亲自到山上挖了一口井，专门研究泉水水质对煎茶的影响。因虎丘泉质清冽甘美，被唐代的品泉专家刘伯刍誉为"天下第三泉"。

选用优质水源之后，还需用漉水囊加以过滤。生铜既无苔秽，也没腥涩之味，同时较之木、竹更为耐用，因而被民间选为漉水囊的最佳铸造用材。滤水的布袋，精选青竹片卷制而成，再裁剪一块尺寸相宜的丝绢缝合，陆羽指明要选用碧绿色的丝绢。最后依据个人喜好，可用精致的翠色螺钿加以点缀。

陆羽对瀹茗时烧水这一步骤有过系统地阐述，可概括为"三沸烹茶法"，即先将水舀入镀内煮，"其沸，如鱼目，微有声，为一沸；缘边如涌泉连珠，为二沸；腾波鼓浪，为三沸；已上，水老，不可食也"。[1]

第一沸时，为使茶水更纯正，可先舀出水面上漂浮着的一层如黑云母般的水膜。然后根据个人口味，从鹾簋[2]、瓶子、陶盒、盐台等器具中取盐适量，调入水中，这就是本篇开头提及的，法门寺会有唐代摩竭纹蕾钮三足架银盐台出土的原因。茶水加盐，是唐人饮茶的普遍之习，加盐可去涩增甜，古人对生活的智慧与用心不得不令人称叹。不过，彼时也有人只钟情于"免盐"的淡茶。

前面都是铺垫，真正到放茶粉是在第二沸，放之前先舀取一瓢水，接着用竹筴[3]在镀的中心旋转搅动，从而产生一个高速旋转的漩涡，茶粉随之沉下。到第三沸时，将先前舀出的一瓢水缓缓注入镀中再煮。

至美的茶水谓之"隽永"。唐代早已产生瓷质或沙石所制的开水瓶——熟盂。将隽永之茶储存在熟盂内，当镀中的茶水沸腾时，可倒入少许压一压，陆羽称之"育华救沸"。随后盛出的前三碗茶，其品质显然不及隽永。第四、第五碗茶之后，若非口干至极切勿饮用。茶水一旦久置，其中的重浊渣汁会凝结碗底，茶水的"精气神"也会随着袅袅升腾的热气而散发殆尽，所以要趁热饮用。

煮好的茶水为缃色，气味馨香怡神。沫饽[4]都是茶汤中的精粹英华，饽沫如霜

---

① ［唐］陆羽：《茶经》卷下《五之煮》。

② 用瓷制作，形似盒子。

③ 即筷子，常取材于桃木、柳树、蒲葵木或柿子树的木心，两头用银包裹。

④ ［唐］陆羽：《茶经》卷下《五之煮》："沫饽，汤之华也。华薄者曰沫，厚者曰饽，细者曰花。"

唐代淡黄色琉璃茶碗与茶托
法门寺出土

唐代花口盏托
中国茶叶博物馆藏

者为上，分盛时要均匀地倒入各个茶碗中。

唐代人饮茶大多用茶碗、茶盏，而非茶杯，今天不少南方人也用茶碗。陆羽对茶碗的挑剔近乎吹毛求疵。在他看来，越州①所产的茶碗为珍品，其次鼎州②与婺州③，岳州④所出的也属精品，寿州⑤和洪州⑥的相对逊色。越州瓷青翠秀雅、冰洁如玉，用来盛茶，茶水明晃晃、绿莹莹的，让人为之心动。

时人奉为茶碗佳品的邢州瓷器，由于其质感、色泽的欠缺，以及置茶时汤水呈现红色而为陆羽所弃用。此外，"寿州瓷黄，茶色紫，洪州瓷褐，茶色黑"，故而用这些瓷器作茶碗毫无美感。

青色的越州瓷与岳州瓷，将原是缃色的茶水衬托得苍翠欲滴，可谓珠联璧合。

---

① 治所在会稽（今绍兴，唐后分置山阴）。辖境相当今浙江浦阳江（义乌除外）、曹娥江流域及余姚市。

② 大体为今天陕西富平县、泾阳县一带。

③ 治所在今金华。唐辖境相当今浙江武义江、金华江流域各县。

④ 窑址在今湖南岳阳市境内。

⑤ 大致为今安徽淮南市、六安市、寿县、霍山县一带。

⑥ 唐辖境相当于今江西修水、锦江流域和南昌、丰城等地。

诗人陆龟蒙以"九秋风露越窑开，夺得千峰翠色来"[1]之句，对越州瓷大加叹赏。也许，南方的碧水青山、葳蕤草木都——渗入越州瓷中，才造就了它温润的玉肌与青朗的风骨。"青朗"本该作"清朗"，但"清朗"二字不足以描摹其仙姿玉质，故作"青朗"。

1957年，几个调皮的孩子在苏州虎丘嬉戏，为掏鸟蛋，他们争先恐后地登上有着千余年历史的云岩寺塔，竟在该塔第三层的天宫中发现了一批文物，此事当即引起了考古专家的重视，后经查验，其中一件相当工致的传世瓷器是越窑秘色瓷莲花碗，为五代之物。

先前，秘色瓷仅见诸史端，却一直未见实物，而且所记载烧造年代为五代时期。1987年，扶风法门寺地宫中出土了13件越窑青瓷，有《衣物帐》石碑记录为证，这些青瓷确系唐代秘色瓷。

何为秘色？

宋代赵令畤在《侯鲭录》中提及："今之秘色瓷器，世言钱氏有国，越州烧进，为供奉之物，不得臣庶用之，故云。"[2]可见，宋人认为秘色瓷为宫廷御用，但也有观点认为，秘色瓷之"秘"与神秘或使用者无关，而是时人对青瓷这种色样的通称，如晋人称青瓷为缥瓷那般。又有日本学者认为，秘色即翡色。秘色瓷"其式似越窑器，而清亮过之"[3]，天下多少人为之魂牵梦绕，据说乾隆皇帝曾遍寻天下，为求一件而不得。

从出土的秘色瓷来看，其质地细腻，多呈灰或浅灰色，胎壁较薄，表面光滑，器形规整，施釉均匀。五代早期的秘色瓷釉色以黄色系为主，光洁莹润，呈半透明状，青绿色的比重较晚唐有一定程度的提升。五代后期以青绿为主，黄色则比较少见。

---

① [唐]陆龟蒙：《秘色越器》，《全唐诗》卷六百二十九。

② [宋]赵令畤：《侯鲭录》第六，清知不足斋丛书本。

③ [清]蓝浦：《景德镇陶录》卷七，清嘉庆刻同治补修本。

上左：唐代越窑青瓷玉璧底碗
高3.8厘米，口径16厘米，底径6.5厘米
浙江省博物馆藏

上右：唐代越窑青釉带托盏
高8.2厘米，口径19.2厘米，底径7.6厘米
中国茶叶博物馆藏

下　：唐代越窑五瓣葵口浅凹底秘色瓷盘
　陕西历史博物馆藏

左上：唐代越窑秘色瓷八棱净水瓶
　　　法门寺出土

左下：五代越窑秘色瓷莲花碗
　　　2017 年 8 月作者自摄于苏州博物馆

右　：云岩寺塔
　　　2017 年 8 月作者自摄于虎丘

四、陆羽六羡西江水，卢仝七碗玉川泉

茶，为陆羽一生所痴。陆子以撰写《茶经》而名扬四海，对中国乃至世界茶道的发展功若丘山，被人们尊为"茶圣"，祀为"茶神"。

余以为，茶与诗一脉相连，好茶之人的诗篇总是妙笔天成。陆鸿渐生性疏放脱俗，深谙茶道，又擅诗作，其诗如行云流水、飘逸洒脱。大可惋惜的是，陆子存世的诗作为数不多。

> 不羡黄金罍，不羡白玉杯。
>
> 不羡朝入省，不羡暮入台。
>
> 惟羡西江水，曾向竟陵城下来。[1]

在《六羡歌》中，世人对陆羽的恬淡寡欲一览无余，他不慕俗世富贵虚名，终生不仕，铭心镂骨的永远是故乡竟陵的西江水。

提起竟陵这个地方，也许陆羽的内心是百感交集的。《陆文学自传》开篇提到："陆子，名羽，字鸿渐，不知何许人。"[2]一句"不知何许人"，道出心中多少辛酸。原来，陆羽年仅3岁就沦为孤儿，幸蒙竟陵积公大师收养。积公对其寄予厚望，希望他潜心佛学，而陆羽却志不在此。"公执释典不屈，子执儒典不屈"[3]，师徒两人自此有了一道难以逾越的心理鸿沟。积公一改昔日的慈爱之心，屡屡以贱务对其进行考验，并严加管束，动辄鞭笞。陆子一心向学，却无纸学书，于是以竹枝画牛背练字。经历几番风吹雨打，他不堪忍受，收拾细软逃离了竟陵。

唐肃宗上元初年[4]，陆羽在吴兴苕溪边隐居。据传，苕溪之名源于芦花，当地百

---

① ［唐］陆羽：《歌》，《全唐诗》卷三百九。

② ［唐］陆羽：《陆文学自传》。［清］董诰：《全唐文》卷四百三十三，清嘉庆内府刻本。

③ ［唐］陆羽：《陆文学自传》。

④ 上元元年为公元760年。

姓称此花为"苕"。苕溪沿岸芦苇繁盛，每逢秋天，芦花四舞，如飞雪一般飘散在水面，故名苕溪。吴兴是大唐知名的茶乡，早在刘宋时期，此地的茶叶就已经远近闻名。至唐代，吴兴顾渚山的紫笋茶成为皇家的贡品。

陆羽在苕溪闭门读书，乐于和得道高僧、隐逸之士等同道中人高谈阔论。他常常泛一叶扁舟往复于山寺之间，随身之物唯有纱巾、藤鞋、短布衣和短裤而已。他也醉心于徜徉山野之间，诵读佛经，唱吟古诗，杖击林木，手弄流水，夷犹徘徊，从早到晚，直至夜幕降临游兴方尽，一路号啕大哭归去。因而，坊间传闻陆羽就是当代的楚狂接舆[1]。

陆羽与知名的诗僧、茶僧皎然[2]大师志趣相投，结为"淄素忘年之交"[3]。在一个天高气清的秋日，皎然过访不遇，遂作《寻陆鸿渐不遇》一诗。

> 移家虽带郭，野径入桑麻。
> 近种篱边菊，秋来未著花。
> 扣门无犬吠，欲去问西家。
> 报道山中去，归来每日斜。[4]

陆鸿渐的茅舍离城颇近，不过非常清幽静谧，沿着山野曲径，蜿蜒前行至桑麻丛中才能被视线所及。"移家虽带郭，野径入桑麻"，与陶渊明的"结庐在人境，而无车马喧"[5]殊途同归。虽已入秋，门外新栽的秋菊尚未开花。皎然敲门，而四周寂

---

① 楚狂，即楚人陆通，字接舆。昭王时，政令无常，他为求不仕，于是披发佯装疯狂，时人谓之楚狂。后常用为典，亦作为狂士的通称。

② 释皎然，俗姓谢，今浙江湖州长兴人，是中国山水诗创始人康乐公谢灵运之十世孙。释皎然和另外两位诗僧贯休、齐己齐名。

③ ［唐］陆羽：《陆文学自传》。

④ ［唐］释皎然：《寻陆鸿渐不遇》。［五代］韦縠：《才调集》卷九《古律杂歌诗一百首》，四部丛刊景清钱曾述古堂景宋钞本。

⑤ ［晋］陶潜：《饮酒二十首·其五》，《陶渊明集》卷第三，宋刻递修本。

寂。此时他心中有些许茫然与留恋，还是再向西边乡邻打探打探吧。叩问后得知，鸿渐去往山中，每每要到太阳西斜之时才会回来。"报道山中去，归来每日斜"与"只在此山中，云深不知处"①实为同趣。透过《寻陆鸿渐不遇》一诗，陆子不以尘凡为念的隐士风韵一览而尽。

然而，隐逸之士也逃脱不了尘世的纷扰。

据传，唐代宗李豫好品茶，宫中也有不少职业茶师。远在竟陵的积公大师居然也以名闻于上，被召入宫廷。代宗命御用的茶师为其奉茶。积公双手持茶，只细呷了一口，便不禁再饮。皇帝遂问何故，积公道："我平常所饮之茶，都是弟子鸿渐所煎。喝惯他的茶，其他一切茶水皆索然无味。"

代宗听罢，便派人四处寻觅遍访大唐名山大川，品鉴天下香茗山泉的陆鸿渐去了。终于在吴兴苕溪的一座山中寻见了他，将其召入唐宫。陆羽虽"有仲宣、孟阳之貌陋，相如、子云之口吃"②，却博学广志，语出惊人，于是代宗喜笑颜开，当即命他煎茶。陆子将自己亲手采摘的明前茶煎好，敬呈给代宗。代宗饮后不禁连连称绝，并命他再煎一炉，遣侍从为积公送去。积公品后便知是陆羽所煎之茶，当即喜出望外地问道："渐儿在哪里？"

茶圣陆羽的大名广为人知，而人称茶亚圣、茶仙的卢仝③，很多人却未必听说。卢仝何许人也？原来，他是初唐四杰之一的卢照邻之嫡系子孙。卢仝承袭先祖卢照邻的才情，也是一位博览经史、工诗精文的才隽，其才华绝不逊于卢照邻。他不愿仕进，还曾赋诗讥刺宦官专权，又数次拒绝朝廷的赐官。

唐代后期，宦官集团猖獗。太和九年④，27岁的唐文宗不甘受制于奸宦，欲与李训、郑注密谋诛之。十一月二十一日，文宗以观露之名，将阉人头目仇士良骗至禁卫

---

① [唐]贾岛：《寻隐者不遇》。[宋]蔡正孙：《诗林广记·后集》卷九，清文渊阁四库全书本。

② [唐]陆羽：《陆文学自传》。

③ 卢仝（约为公元795—835年）。

④ 公元835年。太和，又作"大和"。

军的后院，不幸被其识破，双方势力的激战由此引爆。结果李训、王涯、贾餗、舒元舆、王璠、郭行余、罗立言、李孝本、韩约等朝廷中流砥柱皆被阉党所害，其中不少人还惨遭灭门之祸，1000多人在此次事件中丧生。史称"甘露之变"。

卢仝也在事变中殒命，其至交贾岛听闻噩耗之后，作《哭卢仝》一诗以悼念挚友。

> 贤人无官死，不亲者亦悲。
> 空令古鬼哭，更得新邻比。
> 平生四十年，惟着白布衣。
> 天子未辟召，地府谁来追。
> 长安有交友，托孤遽弃移。
> 冢侧志石短，文字行参差。
> 无钱买松栽，自生蒿草枝。
> 在日赠我文，泪流把读时。
> 从兹加敬重，深藏恐失遗。[1]

"平生四十年，惟着白布衣""无钱买松栽，自生蒿草枝"，正是卢仝一生清贫淡泊的写照。相传，卢氏子孙将他的尸骨偷运回故乡济源入土后，惟恐遭到牵连而飞来横祸，于是举家南迁。由唐至明，几经变迁，卢仝也渐渐淡出了济源人的记忆。除却卢氏后人，谁也不会料到这里曾是一代茶道大师的诞生与葬身之地。直到明代，卢仝的大名才再次被人们提起。

卢仝墓在济源西北十三里武山头[2]，山上还有卢仝当年汲水烹茶的"玉川泉"。卢仝有品茶诗云：

> 一碗喉吻润，两碗破孤闷。

---

① ［唐］贾岛：《哭卢仝》，《全唐诗》卷五百七十一。
② ［清］王士俊：《（雍正）河南通志》卷四十九，清文渊阁四库全书本。

三碗搜枯肠，唯有文字五千卷。

四碗发轻汗，平生不平事，尽向毛孔散。

五碗肌骨清，六碗通仙灵。

七碗吃不得也，唯觉两腋习习清风生。①

此篇诗歌浅显易懂、雅俗共赏，俗称《七碗茶歌》，其精粹还融入了日本茶道。日本人对卢仝推崇备至，在他们心中，卢仝堪与茶圣陆羽同日而论。

据传，抗日战争时期，有一队日本兵杀气腾腾地入侵济源思礼村。他们自南门而入，一路烧杀抢掳，有3位村民惨遭毒手。少顷，另一队日本兵朝村口东门疾步而行，企图也来分一杯羹。但是，当他们走到"卢仝故里"的碑前却驻足不前，领头的军官在细细端详石碑上的字迹之后，竟弯腰向石碑深深地鞠了鞠躬，随后便带领手下的士兵们仓促离去。

五、茶与雁的爱情观

"茶之为饮发乎神农氏，闻于鲁周公，齐有晏婴，汉有扬雄、司马相如，吴有韦曜，晋有刘琨、张载，远祖纳、谢安、左思之徒，皆饮焉。"②

陆羽将中国人饮茶的历史追溯到远古时代的神农氏。神农氏即"炎黄"中的炎帝，生于姜水③，葬于"茶乡之尾"④。春秋时代，齐国的相国晏婴，其日常饮食中就有茶水。至汉代，饮茶之习在宫廷中已经出现，汉初的景帝就是一位好茶的统治者，考古人员在其随葬品中发现世界上最古老的茶叶，距今约2150年。汉代以降，

---

① ［唐］卢仝：《走笔谢孟谏议寄新茶》，《全唐诗》卷三百八十八。

② ［唐］陆羽：《茶经》卷下《六之饮》。

③ ［宋］邓名世：《古今姓氏书辨证》卷一，清文渊阁四库全书本。姜水即今宝鸡境内。

④ ［宋］罗泌：《路史》卷十二《后纪》三，清文渊阁四库全书本。茶乡之尾即今湖南省株洲市炎陵县境内。

历代都有饮茶之人。至唐代，"滂时浸俗，盛于国朝，两都并荆渝间，以为比屋之饮"[1]，陆羽对彼时茶风之盛一语破的。安史之乱以后，茶叶已经全面渗透到百姓的生活之中。从两都的长安与洛阳，到荆州[2]、渝州[3]，几乎家家户户都饮茶。纵览《茶经》，唐代盛产茗茶之地遍及秦、豫、川、湘、鄂、赣、皖、苏、浙、闽、黔、桂、滇、粤等10余个省份。

唐代饮茶之风的盛行成就了一批职业茶师，他们受雇于达官显贵之家，其佼佼者被人唤为"乳妖"。[4]茶铺是茶叶普及的另一产物，正式形成于唐代，最早从唐玄宗开元年间，最晚到唐文宗太和年间[5]，茶铺扩散至长安的居住区内。[6]唐末，甚至乡野之间也可觅茶铺的踪影。然而，唐代的茶铺还在发展初级，仅局限于为顾客提供茶水，而作为社会交际场所和娱乐场合的功能尚未形成。[7]

唐代茶文化的大行其道，使茶叶取代了六礼中独挑大梁的大雁的角色。"茶不移本，植必子生。"[8]茶树移动之后就会死亡，仅以种子萌芽成株。以至性不移的茶为礼，寄寓着女性忠贞不渝以及繁衍子孙的意义。自周朝起，古代中国人便定下婚姻六礼。六礼指从议婚至完婚过程中的六种礼节，即纳采、问名、纳吉、纳征、请期，以及亲迎。

纳彩就是男方请托媒人捎上大雁向女方家提亲，以示联姻之意。女方有初步意向之后，男方才开始进展下一步行动——问名。问名也需往女方家送一只大雁，并问取芳名以及讨要生辰八字，其主要目的是卜算两人是否合适。一旦八字不合，婚

---

① ［唐］陆羽：《茶经》卷下《六之饮》。

② 治所在今天的湖北江陵。

③ 治所在今天的重庆一带。

④ 徐海荣主编：《中国饮食史》（卷三），第375页。

⑤ 公元827—835年。

⑥ 刘修明：《中国古代的饮茶与茶馆》，商务印书馆国际有限公司，1995年6月第1版，第91页。

⑦ 刘朴兵：《唐宋饮食文化比较研究》，中国社会科学出版社，2010年11月，第306~307页。

⑧ ［明］许次纾：《茶疏》，民国景明宝颜堂秘籍本。

《婚嫁图》
敦煌莫高窟445窟北壁壁画 盛唐
详见谭蝉雪:《敦煌石窟全集25之民俗画
卷》,商务印书馆,1999年9月,第107页

事就此告吹;八字若合,男方还要带上大雁,向女家传达喜讯,称作纳吉。六礼中的第四步是纳征,纳征不必再送大雁,但要奉送束帛和俪皮等贵重聘礼。之后便是男方求得吉日的请期,女方假如对婚期没有异议,就算请期成功。请期礼中,雁礼仍必不可缺。正式结婚称亲迎,此时大雁这一关键角色依然要如期出场。

　　雁是禽中之冠,自古被视为仁、义、礼、智、信"五常"俱全的生物。雌、雄两雁相配以后,必定从一而终。假如其中一方死亡,落单的那只孤雁至死也不会重新寻找伴侣。这样一来,大雁这种忠贞不渝的秉性就深为古人所推重,将雁用到婚姻六礼中,也就顺理成章了。然而,大雁并不易得,但其重要的象征意义又难以舍弃。于是,人们直接以面塑的大雁或者其他家禽来代替它。茶与雁的意寓如出一辙,婚娶以茶为礼亦入情入理,成语"三茶六聘"或许也与此相关。

　　茗茶风靡之后,大唐政府规定天下佳茗需"任土作贡"。贡茶始于唐玄宗开元天宝年间①,成为常制则是在中唐以后。《元和郡县图志》首次对贡茶进行记载:"贞元以后,每岁以进奉顾山紫笋茶。役工三万,累月方毕。"②

① 公元713—756年。
② 〔唐〕李吉甫:《元和郡县志》卷二十六,清武英殿聚珍版丛书本。

《奠雁之礼》（晚唐）

敦煌莫高窟9窟东坡壁画

详见《敦煌石窟全集25之民俗画卷》，第130页

鎏金双雁纹银盒（唐）

何家村出土　陕西历史博物馆藏

雪芦双雁（宋）

台北故宫博物院藏

唐德宗贞元①之后，民间每年进贡一种来自吴兴顾山，名为紫笋的佳茗，紫笋贡茶是当时最好的茶叶品种之一。"凤辇寻春半醉回，仙娥进水御帘开。牡丹花笑金钿动，传奏吴兴紫笋来"②所称道的正是此茶。

唐玄宗开元天宝年间③的贡茶只来自安康、夷陵、灵溪④三地。晚唐之后，达到十七地之多，⑤其中大部分都在南方地区，包括巴东郡、云安郡、芦山郡、吴兴郡、新定郡、寿春郡、庐江郡、夷陵郡、蕲春郡。此外陕南的汉阴郡⑥、汉中郡，以及河南的河内郡、义阳郡也都进贡茶叶。所以，《茶经》的开篇"茶者，南方之嘉木"的南方，显然是一个笼统的地理概念，并不是今天意义上的南方。

六、后宫茶话会现场

《宫乐图》是唐代宫廷品茗之风兴盛的一大见证。此画以宫廷女子宴集为题材，洋溢着西域气息。十位丰腴的宫人围绕在一张竹子精编而成的大方桌四周垂腿团坐，她们竞相斗艳，品茗、斟酒，丝竹伴耳，谈笑风生，沉浸在云淡风轻、闲暇自得的宫廷生活之中。

波斯传来的四弦琵琶，蹲伏在桌下的狮子犬以及这个时代广为流行的高桌大椅等，在此画中都颇为醒目。画面正中的大方桌上设有各种宴会器皿，有台座为八瓣花形状的点心托盘，西域的玻璃点心容器，汉代传统的涂漆酒杯以及玛瑙所制的罚酒用具等。

---

① 公元785—805年。

② ［唐］张文规：《湖州贡焙新茶》，《全唐诗》卷三百六十六。

③ 公元713—756年。

④ 今湖南龙山。

⑤ 徐海荣主编：《中国饮食史》（卷三），第380页。

⑥ 本名安康郡。

《宫乐图》 唐代
台北故宫博物院藏

《宫乐图》局部之二：宫人饮茶

桌侧一婢女旁侍，以长柄勺取饮，右侧一位雍容华贵的宫人手托茶碗，神情悠然自适。

关于这张画作的来历尚不明确，但却将大唐帝国的繁盛栩栩如生地传达给世人，此画反映了唐人由分食制转变为会食制或合食制，由跪坐、盘腿坐演化为垂腿坐的情景。有人说，唐代饮食史上最大的一次革命是家具的重大变化，此话不无道理。

隋唐五代至两宋这段历史时期是我国饮食文化史上的巨变时代，其中以坐具与坐姿的转变为标志。当时的人们在就餐时往往会采用跪坐、盘腿坐，以及垂腿坐的姿势。跪坐是古人最基本，最合乎社会礼仪的一种坐姿。盘腿坐是北方游牧民族的传统坐姿，这大概与他们割肉而食的生活习性相适应，唐人也习惯以盘腿的方式就坐。垂腿坐是唐代出现的一种新坐姿，后来逐渐演变成一种适应社会礼仪的正式坐姿。

坐卧家具
敦煌莫高窟138窟南壁壁画 晚唐

唐代之前，人们用餐时席地跪坐，各踞一案进食，互不分享，这种方式被命名为"分食制"。直至唐中后期，传统的分食制逐渐走向多人共享的会食制与合食制。唐代风行的会食制，指菜肴和食物按人头分配，只有饼类、粥汤羹类食物放在食床上供众人分享。会食制避免了合食制因多人"共菜同器"而导致"津液交流"的局面，同时又不减合餐时的热闹氛围。

　　有唐一代宴会之盛，在中国古代史上独占鳌头。可以说，高桌大椅的流行与人们坐姿的转变成就了大唐宴会的风靡。

鹿鸣之什图卷（局部）①
宋代马和之绘

① 此图反映的是春秋战国时期宴集时的分食制。

七、一盏山茗洗尘心

在我的家乡台州温岭，人们很少饮茶，而祖母却有制茶出售的习惯。我15岁之前，她经常背负竹篮只身前往离家不远的山上采茶。她所采的茶叶，并非自家所种，而是被陆羽列为上品的野生茶叶。采茶归来之后，她精心挑拣以去除杂质与野草，再用柴灶上的大铁锅烘炒。每逢赶集的日子，祖母随身携带制好的茶叶到集市出售，却并不似期待中那般顷刻售罄。因茶有提神醒脑的功用，饮用之后影响夜间睡眠，故鲜有问津之人。后来，她的鬻茶事业只能作罢。过了数年，茶叶中细如米粒的嫩尖儿能卖到50块钱1斤。每每提及此事，她总是一脸惋惜。

我与茶的初次邂逅是在10多岁那年的一个夏日午后，和同窗密友在自家庭院里的葡萄架下闲坐，喝茶、谈天。茶叶当然是祖母亲手采摘制作的，朋友饮后拍案叫绝，想来她早有饮茶的习惯。其实，那时的我并不懂茶，记忆中，清透黄莹的茶水中浮荡着几抹嫩绿，入口微涩，细品回甘，其味清绝。

昔年，二叔带上所有的积蓄，孤注一掷地携妻奔赴省会杭州，盘下一家茶叶店经营西湖龙井。后来小店变大店，一家变数家。每次回乡，二叔总要捎回几罐茶叶，我所饮的绿茶自然而然地就变成西湖龙井。

龙井产于西湖附近的狮峰、龙井、五云山、虎跑一带的群山之中，历史上曾分为"狮、龙、云、虎"四个品类，以"色绿、香郁、味醇、形美"四绝著称，形状光扁平直，色泽嫩绿光润，茶汤清澈透亮，略有清苦，回味甘鲜，清香不俗。西湖龙井按外形和品质的优劣列为八级，以产自西湖区梅家坞古村的最擅胜场。

两年前我去安徽，听说某些人偏好这样一种香艳的茶叶：清明雨前的茶叶由婚前少女负责采摘，并将采好的茶置其胸前，于是处子的香汗徐徐地沁入茶中，遂冠以"处女乳香调艳茶"之名，品茗的命意竟至如此浅薄。传说，昔年清代乾隆皇帝游幸杭城，当地曾遣18位妙龄少女为其采茶，却未曾听闻要置于胸前那般不堪，也许明前龙井有女儿红的美誉便来源于此。

杭州产茶的历史记载可远溯至唐代，陆羽在《茶经》中有"钱塘生天竺、灵隐二寺"①的记载，钱塘即今天杭州一带的古地名。天竺三寺、灵隐寺距今天的龙井大约2公里，三者都位于西湖的西面。西湖龙井茶之名始于宋，闻于元，扬于明，盛于清。清乾隆游幸杭州西湖时，盛赞西湖龙井茶，将位于狮峰山下胡公庙前的18棵茶树封为"御茶"。民国期间，西湖龙井茶成为名茶之首，直至今天。

"俗人多泛酒，谁解助茶香。"②品茗，远比饮酒风流儒雅。饮茶可静心独坐，浅斟低唱、怡人心神；亦可邀故友新知聚众同饮，谈天说地、畅快淋漓。

饮茶的意趣在于啜茗时的心境，或细啜细品，或鲸吸牛饮，随心所欲，各有妙处。"一杯为品，二杯即是解渴的蠢物，三杯便是饮驴了。"③此为妙玉对宝玉的谐谑之言而已。李时珍早年就有"每饮新茗，必至数碗"④的饮茶习惯。茶，一杯淡，二杯香，三杯醇，四杯韵尚存。

茶可雅心，茶可行道。品茗，更多的是对人生的一种参悟。纵情于青山绿水之间，煮茶品茗、撷兰撅竹、吟风咏月、世外高蹈、枕石听风，可如此抒情遣怀一番。不过，无论身处何方，只要香茗在手，高雅清逸之气尽在其内。于清幽闲暇中捧茶入定，清茶一杯，汤澈叶翠、香高味长。几缕茶雾缭绕上升、清纯娴雅、轻盈纤美。呷上一口，一丝荒野的气息渐渐地从鼻端沁入咽喉，直到心底。透过一叶香茗，如画山川、林籁泉韵、燕语莺啼、空谷幽兰……自然界之意趣皆穿牖而来，此时即使没有诗卷与丝竹在侧，四美已具。

茶的脱俗气质使人浮想联翩，更有文人将其比作女子。正如《诗经》所云，"有女如荼"。苏轼亦言，"从来佳茗似佳人"。茶似女子，曼妙温婉。女子如茶，浓淡相宜。唐人元稹有一首《茶》诗，更是娓娓道出了茶的绝妙之处：

---

① ［唐］陆羽：《茶经》卷下《八之出》。
② ［唐］释皎然：《九日与陆处士羽饮茶》，《全唐诗》卷八百十七。
③ ［清］曹雪芹：《红楼梦》第四十一回《贾宝玉品茶栊翠庵，刘老老醉卧怡红院》。
④ ［明］李时珍：《本草纲目》卷三十二。

茶

茶叶，嫩芽。

慕诗客，爱僧家。

碾雕白玉，罗织红纱。

铫煎黄蕊色，碗转曲尘花。

夜后邀陪明月，晨前命对朝霞。

洗尽古今人不倦，将知醉后岂堪夸。①

---

① ［唐］元稹：《一字至七字诗·茶》，《全唐诗》卷四百二十四。

第二章

玉碗盛来琥珀光

在影视作品中，我们时常可以看到"古人"们喝酒的场面：一位彪形大汉端起装满透明液体的粗瓷大碗，豪情万丈地说道："先干为敬！"随后便仰脖"咕咚咕咚"地灌下去，将碗中之物干掉，再用袖子将嘴角溢出的液体随手一揩。然而，无论以哪个时代为背景的影视作品，所谓的酒总是晶莹剔透。试问，古代的酒全都透明如水吗？

一、李白成为"酒仙"的真相

"天有酒星，酒之作也，其与天地并矣。"①此说固然带有神话色彩，却也道出古人酿酒的历史年深岁久。据传，殷商人极嗜酒，纣王曾经"以酒为池，悬肉为林"②，"为长夜之饮"③。后世出土的殷朝酒器甚多，证明彼时饮酒之风大作。然而，酒又何止是殷人特有的嗜好呢？历朝历代，贪杯豪饮之人不乏少数，这在古代浩如烟海的文学作品中可窥一斑。

古代的酒大多是黍、秫④等粮食煮烂后加酒母酿制而成，成酒周期短，且大多未经蒸馏，或多或少有点混浊。不仅如此，古人所饮之酒大多还是色彩斑斓的，唐代的酒也毫不例外。

唐人所饮之酒，有很大一部分是酒体颜色发绿的浊酒，即白居易诗中所云的

---

① ［宋］窦苹：《酒谱》之《酒之源》一，明唐宋丛书本。
② ［唐］孔颖达：《尚书注疏》卷第十一，清嘉庆二十年（公元1815年）南昌府学重刊宋本十三经注疏本。
③ ［先秦］韩非：《韩非子》卷七，四部丛刊景清景宋钞校本。
④ 黏高粱，可以做酒，有的地区注指高粱。

"绿蚁新醅酒，红泥小火炉"①。我国古人曾长期饮凉酒，不过，到了唐代，饮温酒之风渐盛。用小火炉的文火烫酒，既可灭菌，亦能保留醇香。如果新酿之酒未经滤清，酒渣就会浮在面表，其色微绿，细小如蚁，故称作绿蚁酒。此酒在酿造过程中，细菌与微生物悄然混入，它们便是让酒呈现绿色的"元凶"。绿蚁酒价格低廉，因而比较亲民。

但是，并非所有绿色的酒都是下品酒，魏征所酿的醹醁与翠涛就是绿酒中的极品。李世民还曾亲自赋诗一首称叹："醹醁胜兰生，翠涛过玉薤。千日醉不醒，十年味不败。"②兰生即汉武帝宫中的百味旨酒，玉薤是指隋炀帝时期的名酒。据说时至今日，魏征故里还传颂着一支歌谣：

> 天下闻名魏征酒，芳香醇厚誉九州。
>
> 百年莫惜千回醉，一盏能消万古愁。

酒体颜色呈绿色，与唐人在酒名中惯用的"春"字相得益彰。唐代以春为名的美酒数不胜数，诸如金陵春、罗浮春、竹叶春、曲米春、梨花春、若下春、石冻春、土窟春、烧春、九坛春、松醪春、富水春、含春王，以及抛青春等，尤其是抛青春的美名，洒脱地气冲霄汉，同时又淡然得异乎寻常。唐代韩昌黎先生有诗云："百年未满不得死，且可勤买抛青春。"③青春的滋味，有着微醺时的飘飘欲仙，更多的是酩酊大醉后的酣畅淋漓之感。

除绿酒以外，唐代还有琥珀色的美酒。若是制酒环境较佳，酿酒师在酿造时较为用心，如此，酒曲与酒液的纯度能得以较好地保持，开封后的美酒浓腻粘稠，呈现华贵典雅的琥珀色。唐诗中的"酒光红琥珀，江色碧琉璃"④，"琉璃钟，琥珀浓，

---

① ［唐］白居易：《问刘十九》，《白氏长庆集》之《白氏文集》卷第十七，四部丛刊景日本翻宋大字本。

② ［唐］李世民：《赐魏征诗》，《全唐诗》卷二。

③ ［唐］韩愈：《感春四首》，《全唐诗》卷三百三十八。

④ ［唐］岑参：《与鲜于庶子泛汉江》，《全唐诗》卷二百。

小槽酒滴真珠红"①,"兰陵美酒郁金香,玉碗盛来琥珀光"②,皆为此。

至于今天酒桌上习以为常的高浓度烈性白酒,唐人绝对闻所未闻。唐代尚未出现蒸馏技术,他们的酒酒精度偏低,所以这些酒并非我们想象中那般浓醇辛辣。因而,酒仙李白假如有机会与现代人拼酒豪饮,或许不少酒徒都能轻而易举将他灌得东倒西歪。可以说,彼时的牛饮考验的是胃容量,并非肝功能。

这是什么原因造成的呢?原来,那是由于酒醪中的酒精浓度达到20%以后,酵母菌就不再发酵,因此酿造酒的酒精含量一般在18%左右。③

古代淡酒的浓烈程度也有所不同,一宿即可酿成的酒称醴,这就是"小人之交甘若醴"中所谓的醴,其味甘甜,酒劲不足。

比醴稍加醇厚的酒叫做醹,唐宪宗曾把一种名曰"换骨醪"的美酒视为上品。司马迁的《史记》中记载了一桩以醇醪收场的公案。西汉初年,袁盎被吴王软禁,看守者恰巧是与他有一定渊源的校尉司马。司马倾其所有,采办了满满两石醇醪,带到袁盎的关押之处。适逢天寒地冻,士卒们饥渴难耐,看到醇醪犹如天降甘霖,迫不及待地狂喝猛灌一通,顷刻间醉得横七竖八。袁盎仰仗醇醪越狱,万幸至极,因为吴王预备次日就将他斩首。

历时较长,经过多次加工的酒叫做酎。许嘉璐先生认为,酎与春酒实属一物,春酒即冬酿制,夏始成之酒。但是,"春酒"这一概念尚有争议。在汉代,春酒酿成后,天子用于敬献宗庙,是为"饮酎"之祭。汉初规定,每年在长安举行献酎、饮酎之时,各诸侯王国要按封国人口贡献黄金助祭。汉武帝统治时期,天子以各诸侯国所献酎金的分量不足或成色不佳为由,王国遭到削县,侯国被免国,这就是史上重创分封制的"酎金夺爵"。

比起醪、酎,醲更为腥醲肥厚。但无论怎样,醲的浓烈依然不及后世的白酒。

---

① [唐]李贺:《将进酒·琉璃钟》,《全唐诗》卷十七。

② [唐]李白:《客中作》,《李太白集》卷二十,宋刻本。

③ 孙机:《中国古代物质文化》,中华书局,2015年1月,第52~53页。

明代李时珍一语道破天机："烧酒，非古法也，自元始创之，其法用浓酒和糟入甑蒸，令气上，用器承取滴露。"①李时珍所谓的烧酒，"清如水，味极浓烈，盖酒露也"②，即今天人们所熟知的白酒，采用蒸馏法所制。经过蒸馏提纯后的酒，酒精含量可达60%以上。

所以，历史上相当长的一段岁月，古人所饮之酒并非清透如水，清亮剔透的高浓度白酒是元代以后的事了。烈性白酒产生之初，人们并不习惯，甚至被视为"有大毒"，"饮之令人透液而死"。但是，时下已然是烈性酒的天下。

二、唐代三大洋酒

大唐帝国大到专业酒坊，小至寻常百姓家皆可自行酿酒。针对日渐发达的酿酒业，政府实行"官私兼营"的政策，官方特设酿造机构——良酝署，民间更有充分的自由去从事与酿造业相关的行业。勤恳睿智的大唐子民亦具备充足的财力与精力去酝酿醇馥幽郁的琼浆玉液，创作怡情悦性的珠玑之作。

大唐宫廷内的祭祀以及宴饮用酒主要由光禄寺下设的良酝署负责酿造。御酒中，名声远播的诸如春暴、秋清、酴醾、桑落等酒。③为满足皇室用酒，长安城内集中了部分官营酒坊，现代考古发掘的宣徽酒坊便是其中之一。

唐前期，除长安城内设有功能齐全的官营酒坊外，地方州县也有零星分布。唐代宗统治时期，国家开始全面征收酒税，并针对专业酒户的级别进行划分。德宗建中年间④，税酒制度转变为榷酒制，由官方垄断酿酒业。

---

① ［明］李时珍：《本草纲目》卷二十五
② ［明］李时珍：《本草纲目》卷二十五。
③ ［唐］李林甫：《唐六典》卷十六，明刻本。
④ 公元780—783年。

这些官方或民间的酿造机构酿制出不计其数的美酒品种，《唐国史补》对大唐各地享誉四方的佳酿进行了罗列：

郢州之富水，乌程之若下，荥阳之土窟春，富平之石冻春，剑南之烧春，河东之乾和葡萄，岭南之灵溪，博罗、宜城之九酝，浔阳之湓水，京城之西市腔、虾蟆陵、郎官清、阿婆清，又有三勒浆类酒，法出波斯。^①

南方的郢州富水、乌程若下、岭南灵溪与博罗、宜城之九酝，想必都是稻米所酿之酒，京城长安的西市腔、虾蟆陵、郎官清、阿婆清，大多为产自北方的谷物所制。河东的乾和葡萄，事实上就是今人再熟悉不过的葡萄酒。唐代的河东道为唐贞观元年^③置，辖境在黄河之东，故名河东，其基本地域在今山西省和河北省西北部。河东的地理环境与气候条件格外适宜葡萄的生长繁荣，于是该地成为中原一大葡萄

700年前梅瓶中的神秘液体
陕西金代高官墓出土

干葡萄（唐）
新疆阿斯塔纳墓出土
详见吐鲁番博物馆编：《吐鲁番博物馆》，第100页

---

① ［唐］李肇：《唐国史补》卷下。

② 此梅瓶高约40厘米，直径约5~6厘米。梅瓶是古代的一种盛酒的器具，所以内置的液体应当是金代的美酒。

③ 公元627年。

酒产区，河东乾和葡萄的大名深入人心。这里的乾和，特指一种不掺水的酿酒法。此外，凉州也是葡萄酒的主要产区，《凉州词》的开篇就提及："葡萄美酒夜光杯。"

葡萄酒、龙膏酒和三勒浆为长安三大域外特色的名酒，是大唐权贵们所嗜之酒。

葡萄原非中土物产，西汉张骞出使西域后，我国才开始种植葡萄。当年，张骞出使西域，发现大宛诸国用葡萄酿酒，富人们藏酒万余石，经久不坏。之后，大汉使者将葡萄引进本邦。

在汉代，葡萄酒十分珍贵，甚至可以以此来买官。东汉时期的孟佗，善于阿谀取容，曾先对权宦张让施以金银财宝，后又以"葡萄酒一斛遗让"[①]。当时的一斛，相当于现在的20升。[②]区区一斛葡萄酒，竟成了凉州刺史这一高位的敲门砖。

三国时期，魏文帝曹丕对葡萄酒已经了如指掌，他说葡萄酒比中原的米酒甘甜，且更易醉。然则，当时的葡萄酒仅限于王公贵族饮用，寻常百姓绝无此口福。

唐代的出土文物中，饰有葡萄纹花样的器物数不胜数。葡萄是高昌地区的特产，现今存世的文书中有诸多葡萄园券，如新疆阿斯塔纳24号墓《高昌延昌酉岁屯田条列得横截等城葡萄园顷亩数奏行文书》，140号墓《高昌张元相买葡萄园券》及320号墓《高昌张武顺等葡萄园亩数及租酒帐》都有涉及。

葡萄酒是西域之酒，"前代或有贡献，人皆不识"。[③]唐代之前，中土未见有本国酿制的葡萄酒，基本仰赖于域外供应。直到唐初太宗破高昌[④]时，得马乳葡萄种子，植于苑中。葡萄成熟以后用高昌之方酿造，太宗亲身监制，酿出八种葡萄酒。太宗将之御赐群臣饮用，此后，"京师始识其味"[⑤]。

---

① ［元］郝经：《续后汉书》卷七十四《列传》第七十一，清文渊阁四库全书本。
② 罗竹风主编：《汉语大词典缩印本（下卷）》，第7769页。
③ ［宋］李昉：《太平御览》卷第九百七十二《果木部》九。
④ 古城国名。公元640年为唐所灭。国都高昌城位于进新疆吐鲁番境内。
⑤ ［宋］李昉：《太平御览》卷第九百七十二《果木部》九。

葡萄酒"芳辛酷烈、味兼缇盎"①，一旦入肆，便深得大唐百姓之所爱。吴地百姓视之同黄金所制的酒器金叵罗一样珍贵，两者都可作为女子的嫁奁，李白曾目睹吴地女子出嫁时的盛况：

> 蒲萄酒，金叵罗，吴姬十五细马驮。
>
> 青黛画眉红锦靴，道字不正娇唱歌。
>
> 玳瑁筵中怀里醉，芙蓉帐底奈君何。②

当然，后两句显然是诗人脑海中所浮想联翩的场景。唐代人的雄性气质相当显著，马匹是他们最常用的交通工具。无论男女，出行皆好以马匹为坐骑。至于女子，更以身着男装、脚蹬良驹为风尚，想来女子骑着高头大马出嫁也不是什么新鲜事。

唐三彩骑马男俑

洛阳博物馆藏

唐三彩骑马女俑

洛阳博物馆藏

唐代骑马女俑

新疆阿斯塔纳墓出土　新疆博物馆藏

详见吐鲁番博物馆编：

《吐鲁番博物馆》，第99页

---

① ［宋］李昉：《太平御览》卷第九百七十二《果木部》九。

② ［唐］李白：《对酒》，《李太白集》卷二十四。

龙膏酒自伊朗高原东部的西域国家乌戈山离而来，是一种以鳄鱼为主料的养生药酒。此处所谓的龙膏，应当是指鳄鱼。龙膏酒黑如纯漆，喝完可令人神爽。率领大唐子民步入"元和中兴"的唐宪宗，曾得八坛龙膏酒，此酒可调养气血，滋心养肺、壮筋骨、驱湿邪，还能轻身延年。据说，宪宗饮后顿觉神清气爽，飘飘欲仙，遂将之视为奇宝，定为酒中上品，收藏于金瓶之内，瓶上还特意遮盖明黄色的御用手帕，不许旁人染指。每逢宴请贵宾时，宪宗才会取用，且每次饮用必以珍爱的白玉盏相衬。

三勒浆源于波斯，由菴摩勒、毗梨勒，以及诃梨勒三种果实所酿，故谓之三勒。[①]菴摩勒清热利咽，润肺化痰，生津止渴；毗梨勒主治风虚热气，功效与菴摩勒近，还能止泻痢，研成浆染须发，可使其变黑；诃梨勒亦作"诃黎勒"，张仲景的《金匮要略》称其可利气。因而，三勒浆是一种不可多得的养生药酒。

80后的学子们必定记得有一种名唤"三勒浆"的考前神药。记得初中升学考试之前，母亲特地去买了一盒三勒浆。事隔十来年，我仍清楚地记得，当时的三勒浆7块钱一小瓶，一盒只有三四瓶。如今看来，区区几十块钱，但在10余年前，特别是在彼时捉襟见肘的日子里，一次喝掉7块钱，还是略显奢侈。三勒浆装在棕色的玻璃瓶内，以酸涩为主，其间夹杂着些许甜味，这或许便是求学之路的滋味吧。不过，此三勒浆与来自域外之三勒浆，两者风马牛不相及。

三、大唐版"太阳马戏团"

唐代的吟酒诗多如牛毛，其中亦不乏涉及酒具的诗句，譬如，"兰陵美酒郁金

---

① ［唐］李肇：《唐国史补》卷下。

香，玉碗盛来琥珀光"①；"葡萄美酒夜光杯，欲饮琵琶马上催"②；"鸬鹚勺，鹦鹉杯，百年三万六千日，一日须倾三百杯"③。诗中提及的玉碗、夜光杯，以及鹦鹉杯等，不少人耳熟能详。此外，注子、山樽、酒船、荷叶盏、玛瑙杯、金叵罗等酒器也时常见诸诗篇。

此处的注子，又称注子、注壶、扁提、执壶，就诞生于隋唐时期。注子，顾名思义，是一种可以将酒注入杯中的酒器，形状与功能相当于酒壶。

酒壶已备，那酒杯呢？唐代的酒杯种类丰富，其中一种为银器所铸的酒船，大概是古代文人对船型酒具的雅称。宋代长安人王谠在《唐语林》中记录了唐玄宗李隆基未登基前的一桩轶事：中宗景龙年间④，二十出头的李隆基还在担任潞州别驾时，曾"连饮三银船，尽一巨觥"⑤。

李隆基所用的银船尚未见到实物，不过仍有迹可循。北宋有一件酒船——银鎏

北宋银鎏金摩竭酒船
广西南丹县文物管理所藏

---

① ［唐］李白：《客中作》，《李太白集》卷二十。

② ［唐］王翰：《凉州词》。［明］澹圃主人：《大唐秦王词话》卷二，明刊本。

③ ［唐］李白：《襄阳歌》，《全唐诗》卷二十九。

④ 景龙（707—710），唐中宗年号。

⑤ ［宋］王谠：《唐语林》卷四。

金摩竭酒船传世，此物通高14.8厘米，长34厘米，足以容纳一升美酒，造型以摩竭与船融合而成。摩竭形象传神，卷鼻、怒目、独角，两翼耸立，其背部为船舱、船篷、船尾，十分精巧地将外形与功能有机地结合在一起。这种形制的酒船相当罕见。

唐人的饮酒器具，既有利用玉器、金银、玛瑙、水晶、玻璃、象牙等制成的代表高贵身份的奢华酒具，也有兽角、蚌贝、虾壳等物创制的奇异酒具，还有凭借植物自然生长出来的藤、竹木、匏瓜等开发的质朴酒具，寻常百姓最常使用的是以陶瓷、青铜打造的普通酒具。

很多酒器因选材考究、造型独特、工艺精湛而为时人典藏。唐太宗李世民的曾孙李适之，府中藏有九种珍稀的酒器，分别为蓬莱盏、海川螺、舞仙盏、瓠子卮、幔卷荷、金蕉叶、玉蟾儿、醉刘伶，以及东溟样。"蓬莱盏上有山、象、三岛，注酒以山没为限。舞仙盏有关捩，酒满则仙人出舞，瑞香球子落盏外。"[1]

这几件珍品，一闻其名，便知匠心独具、妙不可言。海川螺、幔卷荷、金蕉叶、玉蟾儿和东溟样，大多皆以其形状或质地命名。蓬莱盏与舞仙盏，所谓的盏是一种用来盛装的日常器皿，现在南方的方言里还有如茶盏、灯盏、一小盏等此类的日常用词，北方用得较少。舞仙盏所设的关捩，大概是一种能转动的机械装置。

至于醉刘伶，显然与魏晋时期的"竹林七贤"之一——刘伶有关。刘伶出门乘坐鹿车，随手携一壶美酒，还请一位扛着锄头的壮汉尾随其车，他宣称"死便埋我"[2]。刘伶经常纵情狂欢，放浪形骸，有时赤身裸体地呆在房里。有人见状后便讥笑他，刘伶对曰："我以天地为房屋，以房屋作衣裤，诸君为何钻入我裤裆之中？"[3]

刘伶因狂饮无度而致病，每日里焦渴难耐，却又向妻子索酒喝。妻子弃酒毁器，向其泣谏务必要戒酒。刘伶说道："很好。我发誓一定戒酒，但委实不能自已，

---

① ［唐］冯贽：《云仙杂记》卷二。

② ［唐］房玄龄：《晋书》卷四十九《列传》第十九，清乾隆武英殿刻本。

③ ［刘宋］刘义庆等著，张万起等译注：《世说新语》之《任诞》第二十三，中华书局，1998年8月，第720页。

《刘伶醉酒图》

卢沉绘　来自中国画家网

只有祝祷鬼神请求帮助，那你现在就去备办酒肉吧。"随后，妻子供酒肉于神前，请刘伶告神立誓。刘伶跪地祝告道："天生刘伶，以酒为名，一饮一斛，五升解酲，妇人之言，慎不可听！"①继而饮酒进肉，烂醉如泥。

"千古醉人"刘伶还与"酿酒师祖"杜康有着一段奇闻。

一日，刘伶从杜康所经营的酒楼前经过，见门上贴着一幅对联，上面书有"猛虎一杯山中醉，蛟龙两盅海底眠"，横批为"不醉三年不要钱"。刘伶不禁付之冷笑，随即迈进酒楼。杜康盛情款待，频频举杯相敬。谁料，才三杯下肚，刘伶已然天旋地转，趔趄着回家去了。

三年后，杜康到刘伶家索要酒钱，却听闻刘伶已去世三年的消息，刘妻还叫嚣着要与杜康打官司。然而，杜康淡淡地笑道："刘伶未死，只是醉过去了。"于是，他们到墓地开棺一看究竟。此时，恰好刘伶醉意已消，他睁开睡眼，伸伸懒腰，还

---

① ［刘宋］刘义庆等著，张万起等译注：《世说新语》之《任诞》第二十三，第718页。

打了一个大呵欠，霎时喷出一股迷人的酒香，意犹未尽地叹赏道："好酒，真香啊！"此为民间流传的"杜康造酒醉刘伶"的典故。

"一醉三年"，显然只为渲染杜康酿酒技艺的超绝尘寰而已。以醉刘伶为酒器名，极妙！

这九件珍异酒具的主人李适之，为唐代闻名遐迩的"酒八仙"之一。酒八仙指唐代嗜酒的八位名人，成员有李白、贺知章、李适之，汝阳王李琎、崔宗之、苏晋、张旭以及焦遂。[①]诗圣杜甫在《饮中八仙歌》一诗中对这八位酒仙的醉态与才情惊诧不已：

贺知章本为吴地人士，吴人善乘舟。他酒后骑马，晃晃悠悠地像在乘船，自谓"醉中自得"，不料，两眼昏花，一脚踩空，扑通一声坠入井底，竟然还在里面安睡，却自言"醉后忘躯"。

汝阳王李琎酒过三斗才去觐见天子，路上偶遇装载酒曲的车马，沁人心脾的酒香使他涎馋直流，恨不得向天子奏请改封至水味如酒的酒泉。

左相李适之酒兴一高，为过足酒瘾，他常常不惜日耗万余钱。李适之牛饮如巨鲸吸纳百川之水，宣称举杯痛饮是为逃避政事，只求让贤。

崔宗之是一位丰姿超逸的英俊少年，举觞豪饮时，常以白眼傲视青天，睥睨一切，醉后的摇曳之态有如玉树临风。据传，阮籍能作青白眼，以青眼视友人，以白眼看俗人。崔宗之竟以白眼视天，比阮籍更为狂傲。

苏晋耽禅持斋，却仍好饮，经常醉酒，处于斋与醉的矛盾中，"佛"却往往被酒压倒，只得选择醉中逃禅。

醉圣李白是一位豪放不羁的旷世奇才，典故"梦笔生花"[②]与"粲花之论"[③]皆与

---

① [唐]杜甫著。[清]钱谦益注：《钱注杜诗》卷一，清康熙刻本。

② [五代]王仁裕：《开元天宝遗事》卷下《梦笔头生花》，明顾氏文房小说本。李白年轻时梦见所用的笔头上生花，后来便成为众所周知的大诗人的故事。

③ [五代]王仁裕：《开元天宝遗事》卷下《粲花之论》："李白有天才俊逸之誉，每与人谈论，皆成句读，如春葩丽藻，粲于齿牙之下，时人号曰'李白粲花之论'。"

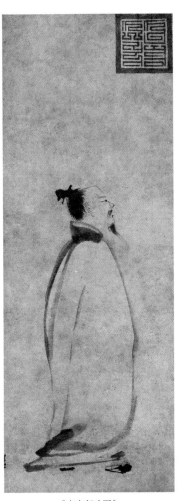

《太白宴饮图》
卢沉绘
来自中国画家网

《李白行吟图》
南宋梁楷绘
东京文化财保护委员会藏

他有关，人称"斗酒诗百篇"。有一次，玄宗在沉香亭召其赋诗，而他却酩醉而卧于长安的酒肆中。玄宗泛舟白莲池，召李白作文章。但是，李白因自己酩酊而不肯上船，命大将军高力士扶上舟，且自称是酒中之仙。

酒后的张旭，豪情奔放，号呼狂走，索笔挥毫作书，绝妙的草书自他的笔尖挥洒而出，世人称为草圣。他不矜细行，无视权贵的威严，在王公贵戚面前脱帽露顶，此举是何等倨傲不恭。张旭的草书笔走龙蛇，若得神助，字迹如云烟般舒卷自如。

诗中殿后的是焦遂。焦遂为一介布衣，饮酒五斗后方见微醺。此时的他愈发神采奕奕，高谈阔论，滔滔不绝，其卓绝见识与雄辩之才总是语惊四座。

八位酒仙都曾经生活在大唐，长安是他们的舞台。嗜酒如命、才华盖世、傲视独立是他们的共同特质。尘凡中有多少人心为形役，人生贵得适意，得放手时须放手。

时至千余年后的今天，李适之珍藏的九件罕见酒器已难觅其踪。庆幸的是，大唐存世的精品酒器屡见不鲜，此处仅举数例而论。

陕西历史博物馆的唐代舞马衔杯纹银壶堪称无价之宝。区区一个银壶为何如此珍贵？这就要从唐玄宗李隆基说起。

玄宗在位后期骄奢淫逸，纵情于声色犬马之中。前文述及，杜甫曾作"国马竭粟豆，官鸡输稻粱"这样的诗句褒贬玄宗舞马与斗鸡的行径。如此看来，相较于某些历史时期，大唐朝的舆论颇为自由。天宝年间①，宫中驯马四百匹。每逢八月初玄宗的"千秋节"，皇宫都要举行隆重的寿宴。天子接受文武百官、外国使臣和少数民族首领的朝贺，并以舞马助兴。舞马衔杯纹银壶上的骏马形象正好与历史记载相互印证。

昔年万众瞩目的寿宴上，舞马们披金戴银、绚烂登场，伴随着《倾杯乐》的节

---

① 公元742—756年。

拍，跃然起舞，舞姿翩翩。每至高潮迭起时，舞马们腾空跃到极高的板床上旋转如飞。同时，领头的那匹舞马衔起盛满美酒的杯子至玄宗驾前祝寿，花样百出，精妙绝伦。"屈膝衔杯赴节，倾心献寿无疆"①，"圣皇至德与天齐，天马来仪自海西。腕足齐行拜两膝，繁骄不进踏千蹄。鬃髯奋鬣时蹲踏，鼓怒骧身忽上跻。更有衔杯终宴曲，垂头掉尾醉如泥"②，此为唐代名相张说对宫廷舞马的鲜活描摹。

安史之乱爆发后，唐玄宗弃城而逃，唐宫盛宴难再，而这批舞马亦散落在安禄山的一名大将田成嗣之手。一次，田成嗣军中宴乐，舞马随着乐声翩然起舞，众将士见状误以为是妖孽作祟，便将舞马们活活鞭打致死。

舞马衔杯纹银壶通体呈扁圆形，模仿我国北方马背民族契丹族的皮囊壶而制。壶盖为捶揲成型的覆式莲瓣形，顶端正中铆一个银环，环内套接一条银链，并与弓形提梁相连。壶身用一整块银板打造，以模压之法在壶腹两面模出两匹奋首鼓尾、衔杯匍拜的舞马形象，再将两端黏压焊接，反复打磨至平整，几乎未见焊接的痕迹。

安史之乱后，盛极一时的舞马衔杯宫廷祝寿舞在历史上永远地销声匿迹了，然而此壶却是大唐王朝盛衰兴废的最佳见证。

---

① ［唐］张说：《舞马词》，《全唐诗》卷二十八。
② ［唐］张说：《舞马千秋万岁乐府词》，《全唐诗》卷二十九。

唐代舞马衔杯纹银壶[1]
陕西历史博物馆藏

　　从文献记载来看，唐代贵族以追求新奇为时尚，而不少出土的器物也验证了大唐崇尚胡风，追逐新奇的社会潮流。大唐传世器物的另一个特色便是雍容华贵、富丽堂皇。这两大特征在宴饮方面的体现尤为显著。

唐代镶金兽首玛瑙杯[2]
陕西历史博物馆藏

①　1970年陕西西安南郊何家村唐代窖藏出土，通高14.4厘米，口径2.2厘米，底径约9厘米，重547克。

②　此杯又名镶金兽首玛瑙觥，1970年出土于陕西省西安市南郊何家村，高6.5厘米，长15.6厘米，口径5.6厘米，材质为缠丝玛瑙。觥状若一尊伏卧的兽头，口部镶有可卸的笼嘴形金塞。这种形制的酒具在中西与西亚地区较为常见。此杯的产地尚有争议，其造型与西方的一种酒具来通如出一辙。来通是希腊语中"流出"的意思，大多呈兽角形，液体自底部的孔隙中流出。古人认为，用来通注酒可杜绝中毒现象。此外，来通也常用于礼仪和祭祀活动。

唐代西方素面高足银杯^①

陕西历史博物馆藏

唐代凸纹玻璃杯^②

陕西历史博物馆藏

---

① 高足杯是一种来自西方的酒器，自罗马帝国时代出现后被广泛用于日常生活。公元6世纪末至7世纪前半叶期间，高足杯在中亚地区风靡。后世往往在唐代高等级墓葬中发现高足杯的踪迹，墓葬壁画中也时常出现高足杯的身影。

② 凸纹玻璃杯采用热加工装饰工艺中的粘贴玻璃条技术，即将熔融的玻璃条挑出，趁热贴压在杯身上。同类工艺的玻璃器物在扶风法门寺、韩国庆州松林寺，以及日本都有发现。

唐代伎乐纹八棱金杯①
陕西历史博物馆藏

唐代仕女狩猎纹银杯②
陕西历史博物馆藏

① 　此杯的杯身有八面，每面皆饰有一位手持箜篌、曲颈琵琶、排箫等域外乐器的乐师。他们神态、造型各异，带有显著的中亚粟特风格。杯身的上部有联珠装饰的环形把，指垫处有相背的侧面胡人头像。杯柄、杯底和八棱都以联珠纹点缀。

② 　银杯呈八瓣花状，口沿外缘錾一圈联珠纹，足沿装饰联珠纹。杯腹的八个花瓣为八大纹饰区，每瓣錾刻着一组图像，有仕女戏婴、仕女梳妆、仕女乐舞和仕女游乐，外加四幅狩猎图。银杯的内底处以水波纹为底衬，还錾刻出摩竭头与三尾鱼。

唐代鎏金蔓草纹银羽觞^①

陕西历史博物馆藏

唐代水晶八曲长杯^②

陕西历史博物馆藏

---

① 羽觞又称羽杯、耳杯，是中国古代的一种盛酒器具，呈椭圆形、浅腹、平底，两侧有半月形双耳，有时也有饼形足或高足。因其形如爵，两侧有耳，像鸟的双翼，故名羽觞。

② 水晶，古人作"水精"。唐诗中将其喻为冰、水、露珠，甚至月光。大唐的水晶大多自西域各国进贡。

唐代忍冬纹八曲长杯①
陕西历史博物馆藏

唐代鎏金鸿雁纹银匜②
陕西历史博物馆藏

提瓶托盘侍女图中的素面鹤嘴瓶
唐墓壁画

　　在唐前期社会上层的墓葬壁画中，经常出现一种流口形若鹤喙的带执长瓶，即

---

① 此杯以和田美玉雕凿而成，外壁饰有忍冬图案。忍冬寓意长寿，是自南北朝时开始盛行的一种纹饰。多曲长杯诞生于萨珊波斯，后来流传至其他地区。此杯的杯身口沿仅有半厘米，自杯口到杯底逐渐增厚，唐人精湛的碾磨雕琢技艺令人称绝。

② 在古代，匜可用于盛酒，它也是一种盛水洗手的用具。

唐人所谓的鹤嘴瓶，如新城公主墓、燕妃墓、安元寿墓、节愍太子墓各有一只，房陵公主墓则有两只。然而，考古界却尚未提供唐代鹤嘴瓶的实物。

尽管如此，鹤嘴瓶还曾现身于唐代文献《云仙杂记》中："龙山康甫慷慨不羁，每日置酒于门，邀留宾客，不住者赠过门钱，日费酒者鹤嘴瓶二十。"①这条记载恰好与唐墓壁画相互印证。毋庸置疑，唐时的鹤嘴瓶被当成一种置酒的容器，此为线索一；学界认为，当年的康姓人物极可能来自今天乌兹别克斯坦的撒马尔罕，此为线索二。因而，所谓的鹤嘴瓶是一种曾经出现于唐代，且有着一定西方渊源的酒器。

无独有偶。在唐前期的带执长瓶里，还有一种流口较短，形如凤头的器物。它比鹤嘴瓶更为常见。据学者研究，这种凤首瓶可能就是唐人所指的胡瓶。②胡瓶与鹤嘴瓶一样，它们都流行于唐代前期的社会上层中，两者造型相似，其最大的区别在于流口的长短，故专家据此猜测，鹤嘴瓶或许只是胡瓶中的一种。

唐代双龙耳瓶
东京国立博物馆藏

唐代三彩凤首壶
东京国立博物馆藏

① ［唐］冯贽：《云仙杂记》卷三。
② 尚刚：《唐墓壁画札记两则》，《文博》2011年第3期。

唐代青瓷双螭耳尊　　　　　　唐代白釉双龙柄壶

中国国家博物馆藏　　　　　　　郑州博物馆藏

　　古人宴集之时，常以行酒令为乐。唐代产生一种俗名为"酒胡子"的行酒令器具。酒胡子貌似碧眼卷发的胡人，头轻脚沉，翻倒后可自行站立。行酒令时，转动此物，待其停止旋转之际，酒胡子的手所指的那位宾客难逃罚酒的命运。诗人元稹对酒胡子有过详细地刻画：

> 遣闷多凭酒，公心只仰胡。
> 挺身唯直指，无意独欺愚。[①]

① ［唐］元稹：《指巡胡》，《全唐诗》卷四百十。

唐三彩高胡帽男牵马俑   唐代白釉加彩侏儒胡人陶俑

洛阳博物馆藏   台北故宫博物院藏

四、大唐酒家人间事

（一）调笑酒家胡

　　大凡唐之前的酒肆规模较小，至唐代，各个城市中颇具规模的酒楼与日俱增，巍峨的酒楼在城内分外引人注目，大大小小的酒店星罗棋布。为招揽生意，酒肆经营者们煞费苦心、招式百出：或在店门口高悬酒旗，或雇佣青春女子当垆沽酒、与客陪饮，以及借乐舞助兴等。

　　酒旗是唐代一种常见的营销方式，相当于现代的招牌或者广告牌。"千里莺啼绿映红，水村山郭酒旗风"①，"依微水戍闻钲鼓，掩映沙村见酒旗"②。高悬酒旗，人们无需东寻西找就能发现附近的酒家。

---

① ［唐］杜牧：《江南春绝句》，《全唐诗》卷五百二十二。

② ［唐］刘长卿：《春望寄王涔阳》，《全唐诗》卷一百五十一。

今天的服务行业中，聘请年轻貌美女子的店家不乏少数，实际上这种营销思路早在唐代便已广泛存在。陆龟蒙的"锦里多佳人，当垆自沽酒"①，以及白居易的"软美仇家酒，幽闲葛氏姝。十千方得斗，二八正当垆"②，这些诗句正是对酒家老板雇佣美人们当垆沽酒的吟诵。

大唐诗人们对酒肆中的胡姬形象更是偏爱到无以复加的地步，李白的"胡姬貌如花，当垆笑春风。笑春风，舞罗衣，君今不醉将安归"③即为此。风姿绰约、肤如凝脂的胡姬们能歌善舞，在琵琶、胡琴、筚篥、箜篌等西域乐器的伴奏下，或一展歌喉，或裙袂飞扬，让不少人为之驻足。

《胡姬侍酒图》
谢振瓯绘　图片来自卓克网

大唐境内的胡商络绎不绝，长安城内有不少食客盈门的胡人酒肆，因雇佣胡姬侍酒，故而被称为"胡姬酒肆"。

胡姬这一概念较为模糊，笼统地说，高鼻深目的胡人女性皆可称为胡姬。唐代酒肆中的胡姬，不少是来自西亚、中亚一带被贩卖的女奴。除唐诗等文学作品之外，正史中鲜有关于胡姬的记载。我们可以从出土的钱币、石雕、金银器、陶俑、

---

① ［唐］陆龟蒙：《奉和袭美酒中十咏·酒垆》，《全唐诗》卷六百二十。

② ［唐］白居易：《东南行一百韵》，《白氏长庆集》之《白氏文集》卷第十六。

③ ［唐］李白：《前有一樽酒行二首》，《全唐诗》卷一百六十二。

绘画和壁画等文物中一睹胡姬们的芳容。

（二）鸬鹚换美酒

倘若徜徉在长安的CBD——东西两市，忽闻酒香四溢，撩人欲醉，却囊中羞涩，如何是好？莫要愁眉不展，与今天人们日常交易中"一手交钱，一手交货"的习惯有所不同，彼时的商人们更为注重人性化经营。社会上多种交易手段并存，除现钱交易外，酒肆还有抵押换酒，诚信赊欠等交易方式。

早在汉代，就有"以物换酒"之说。相传，司马相如与卓文君私奔到成都。穷困潦倒之际，司马相如以名贵的鸬鹚裘衣换得美酒，^①即李白诗中所言及的"鸬鹚换美酒"^②的典故。"五花马，千金裘，呼儿将出换美酒"^③，"金貂有时换美酒"^④等诗句亦为以物换酒的写照。

唐代笔记小说《杜阳杂编》提到，同昌公主的步辇夫曾将宫中的锦衣留在酒肆以换取美酒。一日，公主乘坐"芬馥满路、晶荧照灼"的奢华步辇出游，行至长安城广化里的一家酒楼。公主的侍从宦官中贵人移步酒楼，楼内异香缭绕。他疑团满腹地问道："酒店内为何有奇香？"同席答曰："这难道不是龙脑的香气吗？"中贵人回复说："非也。我年幼之时受职于嫔御宫，常闻此味，并非单纯龙脑之味，不知今日为何会在此闻到。"于是向当垆的伙计一探究竟，竟被告知公主的步辇夫曾用锦衣在此换酒，中贵人"益叹其异"。^⑤

如果家贫如洗，实在没有可作抵押的物件，便只有赊账了。唐人将之视为平

---

① ［汉］刘歆：《西京杂记》卷二。

② ［唐］李白：《怨歌行》，《全唐诗》卷二十。

③ ［唐］李白：《将进酒》，《全唐诗》卷十七。

④ ［唐］卢照邻：《行路难》。［清］吴士玉：《骈字类编》卷六十八《珍宝门》三，清文渊阁四库全书本。

⑤ ［唐］苏鹗：《杜阳杂编》卷下。

常事，诗圣尝有名句："酒债寻常何处有。"而其他诗人亦有"赊酒青门送楚人"①，"邻舍见愁赊酒与"②，"市楼赊酒过青春"③等句，都是对唐代赊欠换酒的真实写照。

凭信誉赊欠换酒，让我忆起不少乡村往事。那时，人们一旦有燃眉之需，若遇手头拮据，就可以去村里的便利店——"小店"里赊账。何时手头宽裕了，便何时结账。当地形成了一个约定俗成的准则：赊欠的账目年终之前付清即可，此规则也适用于民间的普通借贷。一旦无力偿还，小店伙计也不会来砸门破窗摔酒瓶，不过也许无法避免会遭遇一次温和地讨账。一旦赊过数次未经偿还，小店却还会继续赊给你，直到你无脸再赊为止。这也许就是传统乡村社会的温情脉脉之处吧。

（三）杯酒同寄世

喜怒哀乐、爱恨情仇、悲欢离合，皆可在诗篇与美酒中恣意宣泄一番。锦心绣口的李白总是能将伤时感事、离愁别恨、羁途思归之情在酒中酝酿出绝美的诗篇，浑然一体，宛若天成。

"溧阳酒楼三月春，杨花漠漠愁杀人。"④杨花，即柳絮。柳者，留也。当代诗人郑愁予有诗云："东风不来，三月的柳絮不飞。"⑤诗人们眼中的柳絮总饱含着几多惆怅。

阳春三月，李太白置身于溧阳城内的一家酒楼，临窗而坐。窗外春色满目，但他却无心赏玩。柳絮纷飞，靡靡茫茫，此情此景，分外平添几许愁思。面对着社稷将倾、满目疮痍的大唐，诗人愁肠寸断。

---

① ［唐］张乔：《赠进士顾云》，《全唐诗》卷六百三十九。

② ［唐］周朴：《客州赁居寄萧郎中》，《全唐诗》卷六百七十三。

③ ［唐］许浑：《郊居春日有怀府中诸公并柬王兵曹》，《全唐诗》卷五百三十六。

④ ［唐］李白：《猛虎行》，《全唐诗》卷十九。

⑤ 郑愁予：《错误》。

"摇扇对酒楼，持袂把蟹螯。前途倘相思，登岳一长谣。"① "金陵子弟来相送，欲行不行各尽觞。请君试问东流水，别意与之谁短长。"② 友朋星散时的心境往往不似亲人、恋人那般难舍难分。离别或重逢，也许会被黯然神伤或欣喜若狂之情所俘获，但大多时候还是能泰然处之、谈笑自若。

然则面对数年的骨肉分离，向来生性豪迈的李白，却终于无法安之若素。

> 南风吹归心，飞堕酒楼前。楼东一株桃，枝叶拂青烟。
> 此树我所种，别来向三年。桃今与楼齐，我行尚未旋。
> 娇女字平阳，折花倚桃边。折花不见我，泪下如流泉。
> 小儿名伯禽，与姊亦齐肩。双行桃树下，抚背复谁怜。③

此时的李白身在此处，却心在天外，他的灵魂荡荡悠悠地飞回千里之遥的东鲁家中：女儿平阳手中擎着花儿，倚靠在父亲手植的桃树旁，思父至深以致泪如泉涌。幼子伯禽，如今已与姊齐肩。子女二人形影相随，有谁抚背？有谁怜惜呢？一别三载，家中的一切是否安好？读之不禁令人潸然泪下。

何止是李白，唐代的诗人们都格外擅长诗与酒的对话，"劝君更尽一杯酒，西出阳关无故人"④，离别之酒和着不舍之泪，一饮而尽。掷杯扬鞭，策马西行，回望友人送别时孤寂的身影，渐行渐远。穿越阳关，满目荒凉迎面而来。耳畔狂风呼啸，肆意扬起满目黄沙，单调的马蹄声诉说着行人的孤单。在客居异乡的不眠之夜，抬头凝望着星空，遥想着故乡温柔的月亮。正如诗人席慕蓉所吟的那般："故乡的歌是一支清远的笛，总在有月亮的晚上响起。"⑤

---

① ［唐］李白：《送当涂赵少府赴长芦》，《全唐诗》卷一百七十五。

② ［唐］李白：《金陵酒肆留别》，《全唐诗》卷一百七十四。

③ ［唐］李白：《寄东鲁二稚子（在金陵作）》，《全唐诗》卷一百七十二。

④ ［唐］王维：《渭城曲·送元二使安西》。

⑤ 席慕蓉：《乡愁》。

对于离愁别绪，或许边塞诗人更有深入肺腑之感。"行路难，劝君酒，莫辞烦，美酒千钟犹可尽，心中片愧何可论"①；"怜汝不忍别，送汝上酒楼。初行莫早发，且宿霸桥头"②；"垆头青丝白玉瓶，别时相顾酒如倾。摇鞭举袂忽不见，千树万树空蝉鸣"③；"送君系马青门口，胡姬垆头劝君酒"④……美酒与离别的故事总是说不尽道不完。

五、看月寻花把酒杯

物转星移，岁月偷逝。数千年来，好酒如命的文人指不胜屈：从数千年前的经典中所载的"我有好爵，吾与尔靡之"⑤，"伐木许许，酾酒有藇"⑥，到曹孟德所歌"何以解忧，唯有杜康"⑦，白乐天笑言"吴酒一杯春竹叶，吴娃双舞醉芙蓉"⑧，刘梦得挥毫"无辞竹叶醉樽前，惟待见青天"⑨，再到李后主沉吟的"落花狼籍酒阑珊，笙歌醉梦间"⑩，唐伯虎狂歌"但愿老死花酒间，不愿鞠躬车马前"⑪，纳兰容若低唱"被酒

---

① ［唐］王昌龄：《行路难》，《全唐诗》卷一百四十二。

② ［唐］岑参：《送郭乂杂言》。［宋］赵与虤：《娱书堂诗话》，清文渊阁四库全书本。

③ ［唐］岑参：《送魏升卿擢第归东都，因怀魏校书、陆浑、乔潭》，《全唐诗》卷一百九十九。垆是古代酒店前放酒瓮的土台子，也用作酒家的代称。

④ ［唐］岑参：《送宇文南金放后归太原寓居，因呈太原郝主簿》，《全唐诗》卷一百九十九。

⑤ 《易·中孚》。爵，为古代的一种酒器；靡，此处意为干杯。

⑥ 程俊英译注：《小雅·伐木》，《诗经译注（图文本）》，上海古籍出版社，2006年8月，第243页。

⑦ ［汉］曹操：《短歌行》。

⑧ ［唐］白居易：《忆江南词三首》，《白氏长庆集》之《白氏文集》卷第六十七。

⑨ ［唐］刘禹锡：《忆江南》，《全唐诗》卷二十八。

⑩ ［五代］李煜：《阮郎归》。［五代］赵崇祚：《花间集》之《花间集补》卷下，四部丛刊景明万历刊巾箱本。

⑪ ［明］唐寅：《桃花庵歌》，《唐伯虎先生集》外编卷一，明万历刻本。

莫惊春睡重，赌书消得泼茶香"①……也许耽于觞酌方可使他们释放真我真性情。

梁实秋云："酒楼妓馆处处笙歌，无时不飞觞醉月。文人雅士水边修禊，山上登高，一向离不开酒。名士风流，以为持螯把酒，便足了一生，甚至于酣饮无度，扬言'死便埋我'。"

在文人雅士们眼中，琼浆玉液与气若幽兰、绝世独立之美人，千重红锦、姹紫嫣红之繁花，葱翠欲滴、静谧深远之竹林，与眼前散发着幽幽清辉之残月，耳畔呼呼劲吹之疾风，船底涓涓不壅之江水，以及缤纷飘零之落花，如血般鲜红之夕阳，转瞬即逝之春色等诗一般的意象皆如影随形。席间的推杯换盏、笙歌曼舞，以及曲终人散，周而复始地上演着尘世的繁华与苍凉。想必世事总难全，不如寄情于山水之间，洒脱地大醉一回。

---

① ［清］纳兰性德：《浣溪沙·谁念西风独自凉》。［清］况周颐：《蕙风词话》卷二，民国刻惜阴堂丛书本。

第三章

犹见昔年妃子笑

一、荔枝新熟破玉颜

（一）千里荔枝为谁香

对于杨贵妃好食荔枝，古诗与典籍多有记载。千里传送荔枝的谈资为历代文人骚客所津津乐道，时人依旧兴致不减。纵使数千年以后，这个主题仍将不易衰退。故而今日老调重谈一番。唐代杜牧诗云：

长安回望绣成堆，山顶千门次第开。一骑红尘妃子笑，无人知是荔枝来。[①]

再如，苏轼也曾咏叹：

十里一置飞尘灰，五里一堠兵火催。颠坑仆谷相枕藉，知是荔支龙眼来。飞车跨山鹘横海，风枝露叶如新采。宫中美人一破颜，惊尘溅血流千载。[②]

除诗词以外，正史亦提及贵妃好食荔枝的事实。《新唐书》中记载："妃嗜荔支，必欲生致之，乃置驿传送，走数千里，味未变已至京师。"[③]贵妃嗜食荔枝，且每每欲得新鲜荔枝。于是朝廷利用驿站进行传送，历经万水千山的荔枝竟能色味不变而至贵妃驾前。

荔枝肉甘、性温、微酸，可养肝血、填精髓、悦颜色。明代药学家李时珍提及，常食荔枝还具有"补脑健身"的功效。古今中外，世间女子最关切的问题莫过于如何玉颜永驻，宫廷女子尤甚。外似红颜，内如玉肌的荔枝既有调摄之效，又可颐养容颜，想来这就是贵妃对荔枝情有独钟的一大缘由吧。但是，另有传言认为贵妃形体肥胖，属阳虚体质，因宫寒导致不孕，从而断言贵妃食荔枝是为缓解其宫寒之症。

---

① ［唐］杜牧：《过华清宫绝句三首》，《全唐诗》卷五百二十一。

② ［宋］苏轼：《荔支叹一首》，《苏文忠公全集》之《东坡后集》卷五，明成化本。

③ ［宋］欧阳修：《新唐书》卷七十六《列传》第一《后妃》上。

一个荔枝三把火，荔枝虽妙，多食会引发内热。贵妃形体丰美，且喜食荔枝，探寻清肺消火的秘诀迫在眉睫。

贵妃素有肉体，至夏苦热，常有肺渴，每日含一玉鱼儿于口中，盖借其凉津沃肺也。①

昔年，曾得一块玉观音，母亲告诉我，把它含在口中会有些许凉意，一试果不其然。玉器在肌肤的滋养后存在一定的温度，若此时将其嘬在嘴里，仍会有一丝冰凉沁润舌尖。贵妃以玉鱼儿的这种特性来减轻肺热之苦，巧妙绝伦。

贵妃每宿，酒初消，多苦肺热，尝凌晨独游后苑，傍花树，以手举枝，口吸花露，借其露液，润于肺也。②

盛夏的凌晨，苑中渐生微凉，虫声止歇，万籁俱寂，一切安谧自在，可回想起来，这或许正是如日中天的大唐王朝极盛渐衰的光景呢。月光清冷，深宫内苑树影婆娑，满树繁花倏然绽放。一位遍体异香的美人儿伫立花阴下，觥筹交错之后，她脸泛红晕、醉眼惺忪。在酒精与其他热性食物的侵蚀下，她时常口干舌焦，遂以口吸花露润燥。贵妃的玉指托起锦簇的花团，素面朝天。随之，一丝幽香俏皮地钻入她精致的鼻孔，轻启朱唇，汲取鲜翠欲滴的清露之后，顿觉口舌生津，通体沁凉。此情此景，堪与贵妃出浴图描摹的景象相媲美。

（二）世间珍果更无加

在古文献中，荔枝也被称为"荔支"、"离支"。

荔枝是岭南的特产之一，唐代开元年间的名相张九龄恰为岭南人。张九龄的政治作风有口皆碑，在文学造诣上更被玄宗誉为"文场之元帅"。张九龄曾为故乡的荔枝作赋，即《荔枝赋》一文，该文对荔枝的赞誉溢于言表。

自《荔枝赋》中可窥见，张九龄眼中的湘橘、葡萄、李子、柿子、甜瓜、梨子，

---

① ［五代］王仁裕：《开元天宝遗事》卷下《含玉咽津》。

② ［五代］王仁裕：《开元天宝遗事》卷下《吸花露》。

甚至与荔枝齐名的龙眼，皆是凡品，在荔枝面前，何足道哉！此文开篇点明，"果之美者，厥有荔枝"。①荔枝，一种神于醴露的凡间水果，堪与瑶池的玉液琼浆一争高低。

诚如张九龄所言，荔枝树所在之处云烟升腾，如孔雀与翠鸟的憩息之所那般，氤氲着一股祥瑞之气。它们吸收了南国天地之灵气，经历严冬酷暑，甚至硝烟弥漫、战火纷争却依旧生意盎然。树阴郁郁葱葱，树体挺拔，树形团团如帷盖，主干粗大，需要多人合围。黛绿色的荔枝叶像极了桂树的叶片，它们高悬在淡黄色的枝丫上，经过阳光和雨露的滋养，分外翁郁葱茏。其根颇有灵气，盘踞之处，既非低湿的洼地，也非险峻的重峦，不高不低，恰如其分。

农历三月，温和湿润的南风吹来，缃色的小碎花缀满了整个荔枝园。在繁花似锦的三月里，它们貌不惊人却芳馨扑鼻，想必这浓郁的香气正是昭示着果实的甘甜。此时，枝头青果累累，果实表皮的片峰如龙鳞一般密密匝匝地排列着。荔枝虽未成熟，但饱满的身躯宣告着它们未来将会是圆润多汁的。

翘首以待夏日的来临，各色荔枝开始争先恐后地成熟了。将朱红色的表皮破开，裹着果肉的是一层浅紫色的薄膜，有如罩在玉肌外的一层轻纱。轻轻地揭开薄膜，凝如水晶、温润如玉的果肉华丽现身了！

荔枝的美味，已被古人们说穷道完。张九龄曾言，荔枝的甘滋与众不同、无与伦比，即使再华美的辞藻也难以道尽它的滋味。蔡襄亦云，其味之至，难以名状。荔枝肉食之甘甜，即使在千万棵果树中，也难以找出味道一模一样的两棵荔枝树。旷世奇才们都说"非精言能悉"②，"不可得而状也"③，仅以"味特甘滋"或"以甘为味"来形容，平庸的我，怎会有比他们更精妙的文辞呢？

彼时初尝荔枝时的景况，事隔多年我仍记忆犹新。昔年，我和邻居家的两兄妹

---

① ［唐］张九龄：《荔枝赋·并序》，《曲江集》之《曲江张先生文集》卷之一，四部丛刊景明成化本。

② ［唐］张九龄：《荔枝赋·并序》，《曲江集》之《曲江张先生文集》卷之一。

③ ［元］陶宗仪编：《说郛三种》一百卷本之卷七七，第1112页。

荔枝树

荔枝花

在其门口席地而坐。他们的堂哥从外面回来，不知从哪里变出三个"松果"，依次分给我们。我手里擎着那个圆滚滚、红扑扑，却扎得有点手疼的小东西，仔细端详好半天，诧异地问道："这不是松果吗？"他们的堂哥看着我，浅浅一笑，却并不作答。我将信将疑地把"松果"剥开，里面露出白如凝脂的果肉，汁液饱满得直往外溢，只好先吮而吸之。此时顿觉有一股清香沁入心脾，味甘如"糖霜茶"一般，却并不发腻。肉质厚实，质地绵软而不乏韧性，顷刻口舌生津，诧为异味。

我欢蹦乱跳地回到家中，似哥伦布发现新大陆一般地告诉母亲："姆妈姆妈，为什么我们拿树朴当柴烧？它其实是可以吃的！"母亲却被这突如其来的难题问得一头雾水。有趣的是，这个疑问在我那童稚的岁月里曾多年挥之不去。

在远离集市的闭塞小山村里，家家户户自种的水果基本上能够自给自足：草莓、杨梅、葡萄、西瓜、桃子、李子、梨子、橘子、枣子、高橙②、栾③、柿子、荸荠④，以及甘蔗等，亚热带地区四时常见的水果，一应俱全。再者，加上当时的经济

---

① 音，台州方言，即松果。

② 浙江省温岭市传统的地方品种，分布在该市的城南镇、横山乡、坞根乡、江厦乡、温峤镇、石桥头镇、高龙乡、东浦镇、东浦农场等地，已被认定为中国地理标志证明商标。

③ 也称文旦或文旦栾，属柚子的一个品种，原产浙江省玉环县，生长势强，果大，最大可达3500克以上，肉质脆嫩，有香气。

④ 荸荠在南方某些地区也可作为水果食用。

条件，就更没有去集市购买新鲜荔枝这样的豪举了。不过，荔枝干较常有。旧时走亲访友，特别是拜年的时候，捎上几份"桂圆包"与"荔枝包"，亦不失体面。所谓的桂圆包、荔枝包，其实是故乡百姓对包裹在又粗又厚的暗黄色包装纸内的桂圆干与荔枝干的称呼。

来自荔枝另一重要产区福建的蔡襄，他的专著《荔枝谱》中透露闽地有30余种荔枝。然而，唐代全国的荔枝品种仍无从知悉。

现今荔枝的品种五花八门，其中的挂绿、桂味，以及糯米糍被列为荔枝上品，前者尤为珍稀。

在各色品种的荔枝中，桂味因三大特色而闻名于世：体形最小、核最细，且果肉散发着淡淡的桂花香。桂味果壳薄脆，为浅红色，龟裂片突起，呈尖锐的圆锥形。其果实如羊脂般透亮，肉质厚实，清润甘美，伴有桂花的甜香，甘而不腻，回味无穷。

糯米糍呈上大下小的扁心形，表皮鲜红，片峰平滑，果肩隆起，蒂部略凹，果顶浑圆，肉厚核小，甜到发腻。

比起桂味与糯米糍，挂绿更胜一筹，为荔枝中难得之珍品。自清代起，挂绿就被诗人崔弼奉为"荔枝中第一品"，其色微红带绿，故名挂绿。大多荔枝在剥开后，浆液外流，而挂绿坚莹似玉，浆汁内敛，入口脆如霜梨，清甜可口，香美之至，冠于群荔。

桂味

糯米糍

增城挂绿

诸色荔枝中，较早熟的品种是三月红，至每年五月人们便可尝鲜。此外，还有圆枝、黑叶、元红、兰竹、陈紫、白腊、白糖罂、妃子笑、水晶球、大红袍、怀雪子、犀角子、进奉、红皮、将军荔、香荔、鹅蛋荔、尚书怀、无核荔、早红、桂林、下番枝、大早、灵山、捕木叶、蛇荔等，名目之多，令人眼花缭乱。

其中的尚书怀与妃子笑，初闻大名就知它们饱含着历史风韵。

据传，明代官至吏、礼、兵三部尚书的湛甘泉把福建的良种荔枝核带回家乡广东增城，交与乡人到当地的四望岗上培植。十多年后，岗上荔枝成林。我想，湛尚书一定把宝贵的良种荔枝核揣入怀中，千里迢迢带回故乡的，否则何来尚书怀之名？荔枝成林，便是对其知遇之恩的最佳回报。

妃子笑别名玉荷包，其名来自于杨贵妃，而是否当真为杨贵妃所食的荔枝品种，想必是好事者的附会。

在古代，荔枝的高贵地位能作为敬献宗庙的祭品，其珍奇稀有又可成为进贡佳品。然而，由于它们生长在偏僻之处，成熟之际正当暑热之时，极难保存。所谓"亭十里而莫致，门九重兮曷通？"[1]要想被远在长安，且有着重重宫门阻隔的权贵们相知，需要千载难逢的机遇，人生不正是如此吗？

机缘巧合，千余年前的某一日，荔枝竟摆脱了它偏居一隅的困境，跨越江河险阻，被千里传驿至长安，从而打开了大唐皇城的九重宫门。它们的伯乐，就是唐玄宗的宠妃杨贵妃。

二、身如柳絮尽随风

杨玉环，身为举世瞩目的大唐贵妃，一生中却存在着诸多无可奈何。自幼年时起，命运便对她开始了无情地捉弄。因为父亲的离世，她从蜀地辗转至洛阳的叔

---

[1] ［唐］张九龄：《荔枝赋·并序》，《曲江集》之《曲江张先生文集》卷之一。

父家中。后嫁与寿王，踏上前往长安的征程。数年以后，已为人妇的玉环，摇身一变，成为唐宫三千佳丽之一。想来这一切，皆是宿命。

（一）杨家有女初长成

杨玉环究系何处人士，历来众说纷纭，有蒲州永乐[①]、弘农华阴[②]，以及蜀州[③]之说。杨氏的祖籍虽不甚明了，而出生地为蜀地这一点相对明确。从古至今，不少学者认定她生于蜀地。《唐国史补》记载："杨贵妃生于蜀，好食荔枝。"[④]《旧唐书》中又道明其父玄琰为蜀州司户，若以此判断蜀地为玉环的出生地，并非不经之谈。《太平御览》沿用蜀地之说，以中国中古政治制度史与历史地理研究而蜚声史坛的严耕望先生也持此说。

唐时，蜀地气候较为温暖，存在几大荔枝产区。杨贵妃生于此处，爱食荔枝，入宫以后对儿时的味道梦寐不忘，言之成理。

唐开元七年[⑤]，也就是杨玄琰21岁那年，远在蜀州的杨家新添了一位粉雕玉琢的女娃。匪夷所思的是，这位区区司户家庭出身的女娃，20多年以后会步入长安的后廷，并成为当今天子的宠妃。更难以想象的是，这位将来集三千宠爱于一身的绝代佳人，却有着不堪回首的幼年时光。开元十七年[⑥]，10岁左右的玉环因父离世，只得投奔在洛阳为官的叔父。洛阳，作为大唐王朝的东都，其繁华程度绝不亚于帝都长安。玉环同洛阳的结缘，与其日后的飞黄腾达息息相关。

---

① 今山西永济。

② 今陕西华阴。

③ 今四川成都。

④ [唐]李肇：《唐国史补》卷上。

⑤ 公元719年。

⑥ 公元729年。

（二）一见如故许终身

开元二十三年[①]，杨玉环走出"养在深闺人未识"的叔父家，应邀参加武惠妃之女咸宜公主同驸马杨洄的婚礼。在婚礼上，正值意气风发之年的寿王李瑁对玉环一见倾心。咸宜公主与寿王同为唐玄宗宠妃武惠妃所出，养尊处优，颇得圣宠。

婚宴后不久，刚过及笄之年的玉环在武惠妃的力主下，被玄宗册封为寿王妃。在大唐，有相当长的一段时间保持着李、武、韦、杨四族的联姻。论家世背景，杨玉环极有可能出身于显赫的弘农杨氏，将其视如己出的叔父在洛阳亦堪称达官显贵，因而被选中并无不合理之处。诚然，能够在众多豪门闺秀中艳压群芳，且获得武惠妃的首肯，是玉环的魅力所在。

寿王李瑁，原名李清。其生母武惠妃是武则天的堂侄武攸止之女，同时也是则天的孙媳妇。她工于心计，屡次用计谋害玄宗的发妻王皇后以及多位皇子。当年因武周王朝的垮台而沦落为宫女的武氏，自开元年间起，竟深得玄宗的宠幸，一时权倾后宫，然而经历多次怀孕，孩子却无一幸存。

李瑁的顺利诞生，终于让她舒了一口气。出于各方考虑，尚在襁褓的尊贵皇子被收养于别处。开元十三年[②]，李瑁被封为寿王，重新开始他的宫中生活。两年后，又遥领益州大都督，兼任剑南节度大使。此时的李瑁，纡青拖紫，服冕乘轩，何其得意！

（三）一朝选在君王侧

婚后，寿王与玉环两人鹣鲽情深数载。然则，彩云易散，身为寿王妃的杨氏竟被自己的公爹盯上。此时的唐玄宗虽已不再春秋鼎盛，却仍然"五欲"未灭。曾经的幸运儿——十八郎李瑁，必然忧愤至极，无以言表。李隆基生于垂拱元年[③]，足足

---

① 公元735年。

② 公元725年。

③ 公元685年。

长了杨氏34岁。面对一个已过天命之年，身份敏感却又权倾天下的男人，未知杨氏作何感想。

唐玄宗着手实施蓄谋已久的纳妃计划，不少舆论认为他同时也加快了把江山社稷推向悬崖的步伐。开元二十八年[①]，玄宗打着为母亲窦太后祈福的旗号，敕令杨氏出家为女道士，道号"太真"。天宝四载[②]七月，唐玄宗册立韦氏为寿王妃。同年八月，他又迫不及待地封杨玉环为贵妃，上演了史上惊人的一出爬灰门。宫中人称"娘子"的玉环，实际礼遇等同于皇后。

幸而，早在数年前，武惠妃已经薨逝，假如让她目睹眼前这一切，情何以堪！武氏心机颇重，年仅39岁就一命呜呼了。听闻武氏自从陷害太子等人之后，患上疑心病，不时看到他们的鬼魂，后来竟一病不起。诚如清代曹雪芹对王熙凤的喟叹："机关算尽太聪明，反算了卿卿性命。"[③]

《新唐书》记载，由于武氏去世，玄宗觉得后宫无一合意者，在旁人进言之下，才决定召玉环入宫。虽说史学家有还原历史真相的义务，但是不少史家仍然习惯于"为尊者讳"。个人认为，《新唐书》中的说法纯粹是为唐玄宗的荒唐行径寻找托辞。"后宫佳丽三千人"，"三千"虽未必是实数，但如此庞大的后宫，当真无一合意者？得到佳人之后，玄宗正如刘禹锡诗中所吟的那般："开元天子万事足，唯惜当时光景促。"[④]可对于天下的美女，皇帝们总是欲壑难填。即使大费周章地册封贵妃以后，玄宗依然无法改变风流天子的本性。

终唐一代，前有唐太宗幸弟妇杨氏，复有高宗妻父妾武氏，后有玄宗夺子妻杨氏，其行为几乎如出一辙。想来是个人欲望、最高权力，以及唐代社会的高度胡化，三者的相遇导致了如此荒诞不经的局面。

---

① 公元740年。

② 公元745年。

③ ［清］曹雪芹：《红楼梦》第五回《贾宝玉神游太虚境，警幻仙曲演红楼梦》。

④ ［唐］刘禹锡：《三乡驿楼伏睹玄宗望女几山诗小臣斐然有感》，《全唐诗》卷三百五十六。

贵妃姿质丰艳，白居易形容她"温泉水滑洗凝脂"①，"回眸一笑百媚生，六宫粉黛无颜色"。②李白则盛赞其"云想衣裳花想容，春风拂槛露华浓"。③她精通音律，能歌善舞，尤其擅长玄宗所好的西域胡旋舞和霓裳羽衣舞。

自从废黜了王皇后，玄宗的后位长期悬空。再者，杨玉环自受封后，《新唐书》说她"专房宴，宫中号'娘子'，仪体与皇后等"。④然而，多年之后，贵妃仍是贵妃，最终也未被册立为后。原因何在呢？

虽说天子拥有至高无上的权力，但一涉及如立后等重大政治事件时，他们还是无法我行我素。加之玄宗对杨氏曾经的尴尬身份可能也有所顾虑，而且她入宫多年仍无子嗣。值得一

跳胡旋舞的敦煌菩萨形象
敦煌莫高窟220窟　唐代
图片来自中国美术网

提的是，当时太子李亨已立多年，玄宗如果仅凭个人喜好废立太子，势必会引发一系列政治纠纷，作为"开元盛世"的缔造者，必定会有此顾虑。抑或在玄宗眼里，杨氏只不过是其众多情妇之一而已，正宫的头衔，只能授予朝廷重臣之女，他所能给予的，只有世间寻常女子所享受不到的万般荣宠。史籍并未给出明确的答案，我们所能做的，只是依托史实，加以适度推断。

杨玉环17岁出嫁，到38岁消逝，20余年间先后委身于两个男人，为何却不曾生育？这也是许多人疑惑不解的话题。

---

① ［唐］白居易：《长恨歌》，《全唐诗》卷四百三十五。

② ［唐］白居易：《长恨歌》，《全唐诗》卷四百三十五。

③ ［唐］李白：《清平调·其一》，《李太白集》卷一。

④ ［宋］欧阳修：《新唐书》卷七十六《列传》第一《后妃》上。

唐玄宗是唐代子女"产量"最高的皇帝，其一生共有30位皇子，29位公主，另有说法是皇子30位，公主31位。尽管玄宗的生育能力如此旺盛，但册封杨贵妃之时他已经61岁，此外也无从查考其后他是否育有其他子女，因而年逾花甲的玄宗暂且不论。

然而，风华正茂的李瑁却不得不提。李瑁与杨氏结为连理数载，却并无子嗣。天宝四载①，杨玉环受命出家后的第6个春秋，玄宗册立韦昭训之女为寿王妃。婚后，寿王李瑁与韦氏生养5个儿子，这点足以证明问题并未出在他的身上。

显然，杨玉环不育的可能性较大。传说，玉环为掩盖其体味，误用含有麝香的太真红玉膏而导致不孕。该方以杏仁、麝香等为主要原料，使用数日后便可颜面红润悦泽、色如红玉，且又芳香怡人。红玉膏的奇妙功效的确让不少爱美的女子欲罢不能，但此方中的麝香却是导致不孕的元凶。古代不少医书涉及多种红玉膏，证明此方在历史上确实有迹可循。

据《飞燕外传》记载，汉代成帝后宫的赵飞燕为使盛宠长在，长期依赖一种名为息肌丸的药物。将此药塞进肚脐眼中，药效会自行融入体内，令人肤白胜雪，明眸善睐，并具有催情的效果。不过，该方内含麝香，长期使用会损伤子宫，导致女性绝经，无法生育。

杨贵妃未给唐玄宗留下任何子嗣，纵使如此，玄宗对她依然恩宠无边。英国作家兰姆说过，孩子没有什么稀奇，等于阴沟里的老鼠一样，到处都有。唐玄宗的子女多达60余个，也许对于他而言，子嗣有何稀罕呢？

---

① 公元745年。

三、一骑红尘献荔枝

（一）开元鲜荔自何方

为博取美人一笑，唐玄宗命人数千里飞驿新鲜荔枝。在1000多年前，何方的鲜荔枝在尚不变味之前能够送至贵妃眼前呢？要想揭晓这一点，得先从我国的荔枝产地谈起。

今天，荔枝的主要产区在福建、两广，四川泸州的合江县一带尚有规模种植。

闽地盛产荔枝的历史可追溯至唐宋时期。宋代蔡襄提到，闽中的福州、兴化、泉州、漳州四地都有荔枝的出产。其中，福州最多，荔枝树延迤原野。兴化军[①]的尤为奇特，泉州、漳州的荔枝在宋代也已知名。

对于荔枝的"鲜献"，蔡襄提出了质疑，虽美名其曰为"鲜献"，以唐代的传驿速度，从闽地速递至长安，除腐烂的荔枝以外，色香味俱存者又剩几何？因而，他认为中原人并未见过新鲜荔枝。与蔡襄同时代的曾巩也曾断言，福建岁贡的是荔枝干而非新鲜荔枝。[②]

唐代时期，贵妃食用的荔枝究竟源于何处，至今尚无定论。不过，岭南与蜀地之说颇得人心。耐人寻味的是，唐代人常说荔枝来自岭南，而北宋中叶以后的记载大多表明荔枝来自涪州。

1. 岭南

岭南出产的荔枝常为世人所称道，张九龄也对岭南荔枝大加赞誉，认为该地的荔枝尤为甘滋，百果之中，无一可与之媲美。曾经谪居岭南的苏轼也对之称颂有加："日啖荔枝三百颗，不妨长作岭南人。"[③]

早在汉代，岭南地区就有进贡荔枝之事。东汉和帝时期，古代的快递员——健

---

① 古代军级行政区名。辖境大体相当于今福建莆田。

② [元]陶宗仪编：《说郛三种》一百卷本之卷七七，第1112页。

③ [宋]苏轼：《惠州一绝》，《苏文忠公全集》之《东坡续集》卷二。

步，为进献龙眼与荔枝而丧命者不计其数，更不论其中丧生的马匹数目了。

苏轼曾对统治者劳民伤财的行径提出过深刻地批判："颠坑仆谷相枕藉，知是荔枝龙眼来"；"宫中美人一破颜，惊尘溅血流千载"。莹白如雪的荔枝竟以无数生命"惊尘溅血"为代价，不知养尊处优的宫中权贵知晓此事后是否还有食欲下咽呢？

至唐代，岭南进贡荔枝的史实更为明确。正史《旧唐书·地理志》记载："岭南道广州南海郡，土贡：荔支。"唐宪宗时代的李肇在《唐国史补》里也谈到："杨贵妃……好食荔枝，南海所生尤胜蜀者，故每岁飞驰以进。"①

据此，岭南理所当然地被视为荔枝进贡之地，然则，对于岭南所贡的是否为新鲜荔枝，尚不明确。按照我们的生活经验，荔枝是一种极易腐败的水果。白居易在《荔枝图序》中论及："（荔枝）若离本枝，一日而色变，二日而香变，三日而味变，四五日外，色香味尽去矣。"荔枝主要的成熟期在夏季，采摘后极难保存，三日之内可致色、香、味俱消。此外，李肇在《唐国史补》也补充道："然方暑而熟，经宿则败，后人皆不知之。"②荔枝成熟之际恰逢酷暑时节，过夜则味变。

可想而知，如果不采用特殊的保鲜手段，就算依照唐代驿马日行近700里的极限③，岭南的新鲜荔枝送抵长安而未变质，完全是天方夜谭。虽然中国古代藏冰与用冰的历史至少可追溯至西周时代，西周以降，历代王朝均设有专职官员或机构执掌藏冰事宜。然则在盛夏时节，从岭南到长安这段距离的车马颠簸，冰块的存储和保温必定是一个相当大的技术难题。再者，对荔枝特性了若指掌的唐人张九龄也曾言明其"亭十里而莫致"。所以，贵妃所食的生荔枝，应当来自他处。

---

① ［唐］李肇：《唐国史补》卷上。

② ［唐］李肇：《唐国史补》卷上。

③ 严耕望：《天宝荔枝道》，《唐代交通图考》第四卷《山剑滇黔区》篇二七，台湾"中研院"历史语言研究所，1986年1月，第1037页。唐代急驿日行五百里，为给贵妃鲜献荔枝，专门在此基础上加至七百里。

2. 蜀地

回溯至唐时的蜀地，北纬31度以南的成都、重庆、宜宾、泸州、涪陵、乐山和雅安等地的河谷附近均有荔枝的种植。其中，位于南部的宜宾、泸州、乐山，以及涪陵等地的荔枝，无论从产量和质量上都优于其他几处。荔枝是一种对水热条件要求极高的植物，唐代的四川较现在温暖，当年的荔枝大致沿着其生长的北界分布。

唐宋时期，蜀地的荔枝以涪州所产者最负盛名，宋代不少史籍也透露贵妃所食的鲜荔枝出自涪州。此地的荔枝颗圆肉肥，品质绝不逊于岭南所出，据说运抵长安后色香尚存，深得贵妃芳心，因而早已名声在外。

蔡襄在《荔枝谱》中对家乡福建荔枝的赞赏，情见乎词，但他不得不承认，天宝年间[①]，朝廷每年遣使将涪州的荔枝送往长安，而非福建或岭南的荔枝。宋人吴曾进一步证实唐王朝从涪州进贡新鲜荔枝。他说，涪州有妃子园，盛产荔枝，杨贵妃嗜食鲜荔枝，利用驿骑传递，从涪州到长安有便道，不出7天就能送达。但涪陵的地方志提出，3日即可送达。涪州至长安，全程大约1000千米，即使按照唐代急驿日行五百里的速度，3天或7天之内驿送至长安，合乎情理。

成书于北宋初年的《太平寰宇记》记载，涪州下属的乐温县所出的荔枝，滋味远胜该地其他各县所产。当时的乐温县，现已不存。《舆地纪胜》中亦言及，涪州城西十五里处有妃子园，植有百余株荔枝树。所谓"一骑红尘妃子笑，无人知是荔枝来"指的正是此处。

（二）蜀道之难尤可登

无论是乐温县，还是妃子园，大体皆指向今天重庆涪陵区西部至长寿区一带。

唐都长安，位于四川盆地的东北方向，而涪州乐温县大体位于唐时四川荔枝稳

---

① 公元742—756年。

定产区的东北部。从空间来看，该地正好是距离长安最近的荔枝产区。李唐皇室选取涪州的生荔枝尝鲜，势必有过周详的策划。

由长安通往蜀地的道路在古代被称为蜀道。蜀道穿越秦岭和大巴山，深沟高堑、蜿蜒崎岖、步履维艰，诗仙李白曾作"蜀道之难，难于上青天"[①]之句。尽管蜀道如此难登，数千年来，人们依然通过蜀道往来于秦蜀两地。

早在秦汉时期，穿越秦岭的川陕通道基本形成。共有四条主道，自西向东分别为陈仓道、褒斜道、傥骆道，以及子午道。汉中是四条主道的交通枢纽，自汉中出发往南，可依次穿越金牛道、米仓道和洋巴道。其中，洋巴道又称荔枝道。

严耕望先生在《天宝荔枝道》中考证出唐宫荔枝的来源，以及由产地涪州乐温县至长安的飞驿路线：循溶溪水[②]河谷北上，经垫江县[③]、梁山县[④]至通州东境之新宁县[⑤]、东乡县[⑥]，再北过宣汉[⑦]，与涪州东北行至忠州治所临江县[⑧]、万州治所南浦县[⑨]、开州治所盛山县[⑩]北上，穿越巴山山脉，至天宝间的洋州治所西乡县[⑪]。又向东北方越过巴山山脉至西乡取子午谷路，进入距长安正南百里的子午关。全程共1120千米。[⑫]

---

① ［唐］李白：《蜀道难》，《李太白集》卷三。

② 即今龙溪河，发源于重庆市梁平区境内，流经梁平、垫江，在长寿区注入长江，全长221公里。

③ 位于长江上游地区，重庆东北部。

④ 四川省梁山县，今名为重庆市梁平区，位于重庆市东北部。

⑤ 今县名开江，隶属于四川省达州市，地处四川省东部，大巴山南麓。

⑥ 位于今宣汉县东部，该县隶属于四川省达州市。

⑦ 今宣汉县东北颇远。

⑧ 临江县治今忠州镇，位在长江边上。

⑨ 大致为今重庆东北部万州区。

⑩ 大致为今重庆东北部开州区。

⑪ 位于今县南。

⑫ 严耕望：《天宝荔枝道》，《唐代交通图考》第四卷《山剑滇黔区》篇二七，台湾"中研院"历史语言研究所，1986年1月，第1029~1037页。

近年，复旦大学历史地理研究中心邹怡结合由秦入蜀的最新路线对荔枝道进行分析，并通过绘制地图进行细说。他认为，唐玄宗时的荔枝道，自今天重庆市长寿区长寿湖畔出发，大体依循S102、S202省道，沿明月山北上。到开江县的讲治镇，向西绕过明月山。再利用开江县新宁河，穿越七里峡山，入宣汉县。沿宣汉县州河，达州市的罗江镇后转入G210国道，依次穿越大巴山和秦岭，到达关中平原。其间，存在天险川东平行褶皱山脉和秦巴山地的阻隔，荔枝道并未强行翻越，而是

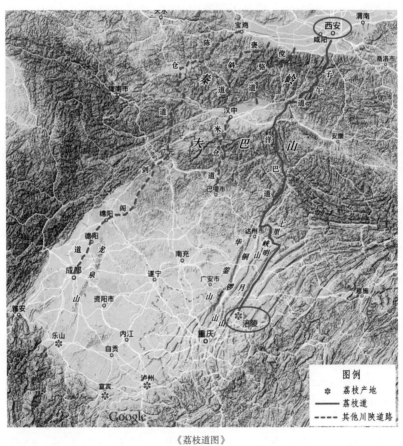

《荔枝道图》
邹怡绘

利用天然河谷，避难趋易。此线与严耕望的查考结果基本吻合。

如今，在这几条国道与省道上风驰电掣而行的过客，是否知道他们匆匆而过的旅途，恰巧是当年为大唐贵妃千里传送荔枝的交通要道呢？

近年，荔枝道考古有着新的动向：四川省文物考古研究院于2015年3月6日至11日组织"2015荔枝道考古探险"，邀请来自故宫博物院、国家博物馆、北京大学、中国人民大学、日本阪南大学和重庆市文化遗产研究院等单位的16位考古学、交通史与文化遗产等方面的专家。此次考古证实荔枝道是从当今涪陵一带，经由宣汉、万源与汉中等地，最终抵达长安，从距离、物产和遗迹等方面来看，与文献记载以及前文学者们的考证总体一致。新发现杜家湾唐代摩崖造像、紫云坪盘陀寺，以及宣汉县新华镇拱桥湾遗迹群等10处重要遗存，大致确定荔枝道在四川万源市境内的走向。杜家湾唐代摩崖造像为本次考古探险最重要的发现之一，有一佛、二弟子、二菩萨、二力士、二金刚及天龙八部等题材。

杜家湾唐代摩崖造像

面对着古道上的遗迹，千余年的嗖嗖疾风，唐王朝的哒哒马蹄声，似乎都在耳边呼啸而过。荔枝古道，随着贵妃的香消玉殒以及其后唐帝国的分崩离析开始逐渐走向衰落，唯有几丝陈迹留与后人追思。

四、富贵沉浮叹平生

（一）为受明皇恩宠盛

前文提及，杨贵妃宠嬖专房，"仪体与皇后等"。专门负责贵妃织锦、刺绣以及打造各色金玉首饰的服务人员，约达上千人。贵妃所穿之奇服，所用之秘玩，变化如神。四方官员竞相进贡的天下奇珍，动骇耳目。其中，岭南节度使张九章、广陵长史王翼，由于献宝最多而得以节节高升。于是，此风愈演愈烈。

虽说独享盛宠是贵妃入宫后的主基调，期间也有两段不和谐的小插曲，事后玄宗的言行却愈发显露出对贵妃的无比宠溺。

天宝初年①的一日，贵妃被遣送至堂兄杨铦府第。玄宗半日不思饮食，无名怒火接连不断，又对左右随从横加鞭挞。身旁的高力士目睹了这一切，他悉心揣摩圣意，提议将贵妃在宫中的所食所用送至杨府。玄宗应允，少顷，杨府内瞬间多出百余车源于皇宫的物件，其中就有玄宗所赐的御膳。

当天傍晚，深得帝心的高力士奏请召还贵妃，玄宗终于有台阶可下。贵妃一见玄宗，便立刻伏地请罪。玄宗见状，迅速挽起她，殷勤地执手安慰了许久，待之更胜当初。

这种反反复复、你退我进的感情近乎于民间寻常的欢喜冤家。贵妃之于玄宗，绝非仅仅是用皇权霸占的尤物。在重男轻女的传统社会里，民间一度以生女为幸事，亦绝非仅仅因贵妃荣宠过盛所致。

高力士在此次事件重扮演了一个重要角色，同时也证明他格外擅长于察言观色、逢迎上意。在不少人心目中，高力士是一个小头锐面的奸宦形象。他曾协助玄

---

① 公元742年为天宝元年。

宗平定韦后与太平公主的叛乱，玄宗统治期间，其地位达到顶峰，累官至骠骑大将军、开府仪同三司，封齐国公，玄宗时常感概："力士当上，我寝则稳。"[1]

两人和好如初的次日，杨家的韩国、虢国与秦国三位夫人来到宫中祝贺。玄宗乐得眉眼俱开，"帝骤赐左右不可赀"[2]。各位命妇从玄宗那里得到每年上百万钱的脂粉费，尽管如此，虢国夫人却常常不施脂粉，并非因为心疼脂粉钱，而是自炫美艳，于是就有了"素面朝天"这一成语。此外，贵妃的族兄杨铦因此事而加官进爵，位列上柱国。想必当值的侍从们也交了好运。至于先前被玄宗无端狠抽的小厮们，一定也得了不少赏赐。在场诸位皆欢天喜地称谢而去。

天宝九载[3]，贵妃又一次被遣送出宫，相同的情景在大唐再一度上演。贵妃甚至加演一出寻死觅活的苦情戏，她对玄宗的来使张韬光说："妾有罪当万诛，然肤发外皆上所赐，今且死，无以报。"[4]随即，持刀斩断一缕青丝，故作视死如归状，并且道明："以此留诀。"[5]玄宗见到头发之后，急得腹热肠慌。旋即，召贵妃入宫，礼遇恩宠照旧。事后，玄宗亲临秦国夫人及杨国忠宅第，赐予两家钱财巨万，想来贵妃这次出宫后曾驾临他们的府邸。

《新唐书》说贵妃"智算警颖，迎意辄悟"[6]，故此她绝非毫无情致之人，而是一位才情卓绝的女子，显然不会无端触怒圣上。即便有意为之，她对玄宗事后的态度似乎有十足的把握。贵妃两次忤逆玄宗而被遣，必定事出有因。《资治通鉴》记载她因"妒悍不逊"[7]而引起玄宗不快，"妒"字暗示着风流天子在拥有贵妃之后，并非心无旁骛，或许仍未停下收纳宫人的脚步。

---

① ［五代］刘昫：《旧唐书》卷一八十四《列传》第一百三十四《宦官》。

② ［宋］欧阳修：《新唐书》卷七十六《列传》第一《后妃》上。

③ 公元750年。

④ ［宋］欧阳修：《新唐书》卷七十六《列传》第一《后妃》上。

⑤ ［宋］欧阳修：《新唐书》卷七十六《列传》第一《后妃》上。

⑥ ［宋］欧阳修：《新唐书》卷七十六《列传》第一《后妃》上。

⑦ ［宋］司马光：《资治通鉴》卷第二百一十五《唐纪》三十一。

一人得道，鸡犬升天。杨贵妃的受宠带给杨家一门无上的荣耀：其父杨玄琰被追尊为太尉、齐国公，并为他设立家庙，作为前任公爹和现任贤婿的玄宗亲自为之书写碑文；叔父杨玄珪被提拔为光禄卿；其中一位堂兄杨铦官拜鸿胪寺卿；另一位堂兄杨锜不仅被封为侍御史，还成为玄宗掌上明珠太华公主的驸马；另一位族兄——早年沦为市井之徒的杨国忠享有辅政专权，其子杨昢、杨暄分别娶万春公主与延和郡主为妻；国忠之弟杨鉴，与李唐宗室的承荣郡主结为夫妇；贵妃的大姊、三姊、八姊依次被册封为韩国夫人、虢国夫人，以及秦国夫人，连玄宗都尊称她们一声"姨"。

杨氏兄弟姊妹五家的宅邸鳞次栉比、蔚为壮观，有仿效皇宫之势。他们每建造一个殿堂大致要花费上千万钱，一旦发现别家的宅子胜于他们，就下令拆毁重新修筑。杨家动辄大兴土木，日夜不息，且必以瑰丽豪华相互夸耀。玄宗每得奇珍异宝或四方贡奉都会分赏五家，皇宫来使相继于道，五家如一。

杨国忠府第中，以百宝装饰的御赐木芍药栏楯——百宝栏，"虽帝宫之美，不可及也"[①]；以沉香、檀香、麝香、乳香筛土和泥装饰的四香阁，"禁中沉香之亭远不侔此壮丽也"[②]；虢国夫人有夜明枕，"光照一室，不假灯烛"[③]；韩国夫人的百枝树灯，"高八十尺，竖之高山上，元夜点之，百里皆见，光明夺月色也"[④]。

大唐历代天子将长安近郊的骊山华清宫作为别宫。华清宫以温泉誉满天下，又名汤泉宫、温泉宫，有长汤18处，其中两处奉御，余下16处供嫔妃们沐浴。奉御汤中，饰以"文瑶密石"、玉莲以及锦雁等物，玄宗与贵妃"施钑镂小舟，戏玩于其间"[⑤]。宫中退水时，弃水自金沟流出，漂浮其间的珠璎宝珞被冲到街上的沟渠里，

① ［五代］王仁裕：《开元天宝遗事》卷下《百宝栏》。

② ［五代］王仁裕：《开元天宝遗事》卷下《四香阁》。

③ ［五代］王仁裕：《开元天宝遗事》卷下《夜明枕》。

④ ［五代］王仁裕：《开元天宝遗事》卷下《百枝树灯》。

⑤ ［五代］王仁裕：《开元天宝遗事》卷下《长汤十六所》《锦雁》。

《仪仗出行图》
李寿墓室壁画
陕西历史博物馆藏

守候在此的贫民日有所得。

唐玄宗习惯于每年十月游幸华清宫，出游时，杨氏五家的人马皆随同前往。每家为一队，每队身着一色服饰，五家的队伍汇合，烂若万花，连山川深谷都被点缀得锦绣万分。沿途失落的钗环、鞋靴狼藉于道，珠玑瑟瑟作响，香飘数十里。

为了维护杨家，玄宗甚至连亲生女儿都漠然置之。建平、信成二位公主对杨家人不敬，乃至被父皇玄宗追讨封赏之物。信成公主的驸马都尉——银青光禄大夫独孤明竟也因此乌纱不保。

天宝十载①正月十五日夜，杨家与广宁公主的仆从就谁先过西市大门而起争执。粗蛮横暴的杨氏家奴挥鞭呵斥，岂知鞭子触及公主的衣衫。公主受到惊吓，一个跟头从马上栽了下来，狼狈地倒在地上。驸马都尉当即去扶她，也挨了数鞭。公主当然觉得屈辱万分，进宫向父皇哭诉，玄宗下诏杖杀杨氏家奴，但同时竟罢黜了驸马的官爵。面对贵妃那不甚讨喜的家族，玄宗表现得越来越不像皇帝。

杨氏三位夫人获得玄宗的特许，可自由出入宫廷，《新唐书》称之"恩宠声焰

---

① 公元751年。

震天下"①。每当三位命妇进宫，连深受父兄宠溺的持盈公主都谦让万分，不敢入席。向她们请托的朝中大小官员接踵而至，四方来客求结交、求献礼者络绎不绝，门庭若市。

　　杨铦与秦国夫人早死，相对来说，韩国、虢国二夫人，以及杨国忠尽享荣华富贵的日子最久。诸王子孙凡遇婚聘之事，必定先请韩国、虢国两位夫人促成，无不如愿，她们可从中捞取巨额酬金。

上：　　　　　　　　　　　　下：
《虢国夫人游春图》　　　　　《丽人行图》
　唐代张萱绘　宋人临摹　　　　宋代李公麟绘
　辽宁省博物馆藏　　　　　　　台北故宫博物院藏

---

① ［宋］欧阳修：《新唐书》卷七十六《列传》第一《后妃》上。

（二）恨魄无因离马嵬

天宝十四载[①]，深受玄宗眷爱的安禄山以诛杨国忠为名，并大加指责贵妃姊妹的诸条罪状，发动叛乱，震撼大唐王朝的"安史之乱"爆发。祥和太平的盛世在这一刻骤变，盛唐从此变成再也不能到达的乌托邦。次年，贵妃随玄宗落魄逃亡蜀中，途经马嵬驿[②]。旧历六月十四日，随行将士处死宰相杨国忠，并威逼杨玉环自尽，史称"马嵬驿兵变"。

在此次兵变中，杨氏家族遭受灭顶之灾。《新唐书》与《旧唐书》对此记录得颇为简略，而《资治通鉴》则比较详细。本书此处结合两《唐书》与《资治通鉴》的记载，详述玄宗朝乃至大唐帝国的这一历史巨变。

适逢农历六月份，唐玄宗一行途经马嵬坡。逃亡生涯中的他们饥渴交加，疲惫不堪，外加暑热难当。其中，士兵们最为劳神费力，他们在不断奔波的同时，还要时刻提高警惕护驾，又需随时准备应战，心生怨愤在所难免。

禁军的龙武大将军陈玄礼把矛头直指杨贵妃的族兄杨国忠，说天下大乱之祸因其所致，随即让东宫宦官李辅国向太子转达诛杀杨国忠的建议，太子李亨犹豫未决。此时，正巧20余位吐蕃使节拦住杨国忠的坐骑，向他哭诉食不果腹的窘境。杨国忠尚未回复，士兵们蓦地扬声大喝："杨国忠与胡人谋反啦！"话音刚落，就有乱箭射中国忠的马鞍，他大惊失色，夺路而逃。一路拼命奔至马嵬驿西门内，却还是未能逃脱士兵们的追杀。少顷，马嵬驿的西门外，赫然插起一支悬着杨国忠头颅的长矛，用以示众。

之后，士兵们又杀死杨国忠之子——时任户部侍郎的杨暄，以及被这突如其来的变故惊得花容失色的韩国夫人与虢国夫人。

御史大夫魏方进不识时务，对乱兵们大加指责。谁料话音未落，只看到一柱喷

---

① 公元755年。

② 今陕西兴平市西。

泉般的鲜血飞溅到黄土之上，魏方进的头颅随即落地。此时，韦见素还在驿站内，对四围大作的杂声有所察觉，于是出门打探，却被乱兵们的鞭子抽得头破血流，命在须臾，还好众人及时制止才幸免于难。

顷刻之间，众将士把驿站四周团团包围。玄宗听见外面的喧哗之声，心生不祥之感，遂问左右侍从何事，被告知杨国忠造反。于是玄宗走出驿门，故作镇定，还对军士们加以慰劳，并命其撤走，军士们却杵在原地不动。此时，玄宗察觉出异样，示意心腹高力士向禁军将领陈玄礼问明。陈玄礼大义凛然地回禀道："杨国忠叛乱已被将士们杀死，杨贵妃也不该再侍奉陛下了，愿陛割爱，将贵妃处死！"玄宗仅冷冷地扔下一句："此事由我自行处置！"

随后，玄宗步入驿站内，他无力地拄着拐杖，侧首而立，似乎有些心力交瘁。片响，京兆司录参军上前进言："现在众怒难犯，千钧一发，望陛下速速决断！"说完就跪下以头击地，须臾之间血流满室。玄宗为爱妃辩解道："贵妃久居深宫，怎知杨国忠谋反？"此时，曾在贵妃鞍前马后奉承的高力士一语道破："贵妃确实无罪，但将士们已将杨国忠正法，而贵妃还在陛下身边，他们如何安心！陛下现在的安危完全在于将士们的安宁。"

玄宗无奈，只得与贵妃诀别，而后命人把她引至佛堂内，将其勒死，并召陈玄礼至驿庭验尸。其后，贵妃被葬于马嵬驿西面大道旁。

"瘗于驿西道侧"[1]，这短短数个触目惊心的字眼便是史书对贵妃最终归宿的记录，实可叹玉骨委尘沙！真应了后人那句"半世浮萍随逝水，一宵冷雨葬名花"。[2]那位占卜先生，虽曾卜出了贵妃富贵无涯的人生，却未算到她的命里会有此一劫。晚唐诗人李商隐的那首《马嵬》叹曰：

> 海外徒闻更九州，他生未卜此生休。
>
> 空闻虎旅鸣宵柝，无复鸡人报晓筹。

---

[1] ［五代］刘昫：《旧唐书》卷五十二《列传》第二《后妃》下。

[2] ［清］纳兰性德：《通志堂集》卷七，清康熙三十年（公元1691年）徐乾学刻本。

此日六军同驻马，当时七夕笑牵牛。

如何四纪为天子，不及卢家有莫愁。①

唐玄宗离开伤心之地马嵬坡，继续向前进发，不久来至蜀地。大队人马步入斜谷后，连绵不断地降了十余日的磅礴大雨，队伍只得在栈道上驻足停留。凄风苦雨吹打在銮铃上，清亮的铃声与风雨声相互交织，在崇山峻岭之间久久回荡，玄宗有感而发，泫然流泪。经历了安史之乱的他，再也不能如往昔那般"双肩承一喙，俯仰天地间"了。此时的玄宗虽已落魄，却依旧才思泉涌，在此作《雨霖铃》一曲以悼贵妃，遥寄哀思与遗恨。词牌《雨霖铃》正是起源于此。

瘗玉埋香，几番风雨之后，玄宗惟有反反复复地品咂过往，或许只有如此方能给他万念俱灰的风烛残生带来些许慰藉。在78岁那年，他终于和贵妃在幽冥界重逢。

五、因见荔枝思杨妃

贵妃已逝。今天，依然随处可见的荔枝把我们的思绪拉回至千余年前的盛唐。笑靥如花面，犹疑落照中。贵妃曾经的欢歌笑语、蹁跹凤舞在马嵬坡血红的残照里戛然而止。那一年，她38岁。肤胜凝脂、面如芙蓉、蛾眉宛转、半偏云鬓、飘飘仙袂……悉数化为一滩污血、一具游魂。贵妃享受的万千宠爱，伴随着同至高权力牵扯不清的爱情，一

《明皇幸蜀图》（局部）

明代吴彬绘　图片来自孔夫子旧书网

---

① ［五代］韦縠：《才调集》卷六《古律杂歌诗一百首》，四部丛刊景清钱曾述古堂景宋钞本。

齐风吹香散。这位神秘而悲情的女子，在世人的注目与追忆之中徒留凄楚的背影，如今能昭示其存在的，惟有那首短短28字的《赠张云容舞》了：

> 罗袖动香香不已，红蕖袅袅秋烟里。
> 轻云岭上乍摇风，嫩柳池边初拂水。①

《贵妃上马图》
元代钱选绘　美国弗瑞尔美术馆藏

---

① ［唐］杨贵妃：《赠张云容舞》。［宋］洪迈：《万首唐人绝句》卷六十五，明嘉靖刻本。

后　记

本书的后记，还是毫无新意的致谢。虽说老调重弹，却不得不谈。

在此首先要感谢以下两位：王雨吟女士与丁杰先生。我与本书的结缘是通过雨吟，写作期间，她在百忙之中给予我不少无私的帮助。丁杰兄，一位素未谋面却相识多年的挚友，他是一年来从头至尾最关注本书的一位。他还是我初稿的第一位读者，其真知灼见与细致入微令人受益匪浅。

其次，要感谢其他所有给过本人宝贵建议的其他良师益友。此处颇值得一提的是笔者母校复旦大学的各位老师，如历史地理研究中心的邹怡教授，汉唐文献工作室的唐雯教授，以及中文系的朱刚教授等。此外，本人还要向潘建国、周峤、吕朋等诸位同窗致谢。

敝人曾两次请邹师作序，皆因其工作繁忙被拒，但愿不是本人才疏学浅或恐拙著辱其大名所致。即便如此，仍要感谢他。因为每当我向其索要资料时，他总是不厌其烦、有求必应。

再者，感谢父母兄弟以及好友们的一路支持，先生也是我创作的强大精神后盾。

最后，写作期间身体也曾出过点状况，感谢放生兄远渡重洋而来的护身符。

从提笔到定稿，再到修改的近两年时间里，虽不能说我是用生命在写作，却也时常闻鸡起舞、挑灯夜战。虽然夙兴夜寐，但因本人水平有限，想必还有不少纰漏与讹误，还望各位专家与读者批评指正，不甚感激！

张金贞

2018年立夏